Michael K. Resch • Uwe Lademann • Mirko Grammel
Praxis-Handbuch Wasserschäden

Praxis-Handbuch Wasserschäden

Technische Trocknung im Neubau und Bestand

mit 162 Abbildungen und 9 Tabellen

Michael K. Resch

Uwe Lademann

Mirko Grammel

Bibliografische Information der Deutschen Nationalbibliothek
Die Deutsche Nationalbibliothek verzeichnet diese Publikation in der Deutschen Nationalbibliografie; detaillierte bibliografische Daten sind im Internet über http://dnb.d-nb.de abrufbar.

Maßgebend für das Anwenden von Regelwerken, Richtlinien, Merkblättern, Hinweisen, Verordnungen usw. ist deren Fassung mit dem neuesten Ausgabedatum, die bei der jeweiligen herausgebenden Institution erhältlich ist. Zitate aus Normen, Merkblättern usw. wurden, unabhängig von ihrem Ausgabedatum, in neuer deutscher Rechtschreibung abgedruckt.

Das vorliegende Werk wurde mit größter Sorgfalt erstellt. Verlag, Herausgeber und Autoren können dennoch für die inhaltliche und technische Fehlerfreiheit, Aktualität und Vollständigkeit des Werkes keine Haftung übernehmen.

Wir freuen uns, Ihre Meinung über dieses Fachbuch zu erfahren. Bitte teilen Sie uns Ihre Anregungen, Hinweise oder Fragen per E-Mail: fachmedien.bau@rudolf-mueller.de mit.

Lektorat: Petra Sander, Köln
Umschlaggestaltung: Hackethal Producing, Bonn
Satz: Hackethal Producing, Bonn
Druck und Bindearbeiten: Westermann Druck Zwickau GmbH, Crimmitschauer Straße 43, 08058 Zwickau

Printed in Germany

ISBN 978-3-481-04728-3 (Buch-Ausgabe), Produktionscharge *001
ISBN 978-3-481-04729-0 (E-Book als PDF)
ISBN 978-3-481-04730-6 (Buch + E-Book), Produktionscharge *001

PEFC-zertifiziert

Dieses Produkt stammt aus nachhaltig bewirtschafteten Wäldern, Recycling und kontrollierten Quellen

PEFC/04-31-3513   www.pefc.co.uk

Vorwort

Seit nun mehr als 30 Jahren gibt es die Dienstleistung Wasserschadensanierung. In diesem Zeitraum hat sie es aber nie geschafft, ein Ausbildungsberuf zu werden. Das benötigte Know-how, um den „Beruf" ausüben zu können, wurde meistens intern weitergegeben. Anders als für andere Baugewerke existieren auf dem Spezialgebiet der Bautentrocknung keine niedergeschriebenen anerkannten Regeln der Technik wie die Allgemeinen Technischen Vertragsbedingungen für Bauleistungen (ATV) in der Vergabe- und Vertragsordnung für Bauleistungen (VOB) Teil C (2023). Dennoch haben sich in den letzten Jahren einige Merkblätter und Richtlinien diesem Tätigkeitsgebiet gewidmet.

Auch haben die Handwerkskammern mittlerweile das Gewerk Bautentrocknung in die Handwerksrolle aufgenommen und Sachverständige für das Bautentrocknungsgewerbe öffentlich bestellt und vereidigt. Nur bei der Ausbildung angehender Fachkräfte der Trocknungstechnik stockt es noch. Mitte der 1990er-Jahre begannen einige Gerätehersteller mit Schulungsangeboten und luden Interessierte in ihre Verkaufsräume ein, um ihnen das Basiswissen für die Sanierung von Wasserschäden oder das notwendige bauphysikalische Grundwissen zur Neubautrocknung zu vermitteln. Anfang der 2000er-Jahre entstand bei der TÜV Rheinland Akademie das Seminar „Fachkraft für Wasserschadenbeseitigung" als neutrale Weiterbildungsmaßnahme mit Fachkundenachweis. Erst 2023 brachte der Deutsche Holz- und Bautenschutz Verband e. V. (DHBV) zusammen mit dem Fachverband Sanierung und Umwelt e. V. (FSU) den Beruf der Fachkraft der Wasserschadensanierung als Teil des Ausbildungsberufs im Holz- und Bautenschutz auf den Weg. Es wird noch einige Zeit dauern, bis sich die ersten Auszubildenden dazu entschließen werden, diesen neuen Beruf zu erlernen.

In der Zwischenzeit soll das vorliegende Fachbuch dazu dienen, die Ausbildung technischer Fachkräfte der Wasserschadensanierung zu ergänzen. Das Buch gibt nicht nur einen Überblick über den derzeitigen Stand der eingesetzten Geräte und Verfahren, sondern soll auch mithilfe von Praxistipps den Anwendenden und Sachverständigen ein nützliches Nachschlagewerk sein. Dabei erhebt das Buch jedoch keinen Anspruch auf Vollständigkeit. Es wurde der aktuelle Kenntnisstand zugrunde gelegt. Änderungen der Rechtslage, technische Neuerungen usw. sind allerdings jederzeit möglich.

Anregungen und konstruktive Kritik nehmen die Autoren gerne an.

Holzkirchen/Krefeld/Berlin
im November 2024

Michael K. Resch
Uwe Lademann
Mirco Grammel

6

Danksagung

9

Ein besonderer Dank für die Mitarbeit an dem vorliegenden Buch gilt
Dipl.-Ing. Gunter Hankammer, Wolfgang Böttcher und Dr. Jörg Walter für
die fachliche Unterstützung und Bereitstellung von Bildmaterial.

Inhalt

1 Einsatzbereiche der technischen Trocknung von Gebäuden

Technische Trocknungsmaßnahmen werden bei Gebäuden erforderlich, wenn Wasserschäden zu relevanten Durchfeuchtungen der Bausubstanz geführt haben oder wenn es darum geht, die unvermeidliche Neubaufeuchte aus jungen Gebäuden zu beseitigen (Abb. 1.1).

Die Erfahrung zeigt, dass die meisten Bauschäden auf den Einfluss von Wasser zurückzuführen sind. Die jeweils sinnvolle Trocknungsmaßnahme hängt immer von den objektspezifischen Eigenarten ab. Die folgenden Kapitel sollen Planern und Anwendenden eine Hilfe sein, die richtige Wahl des Trocknungsverfahrens und des Geräteeinsatzes zu treffen.

1.1 Neubautrocknung

Die Neubaufeuchte entsteht dadurch, dass bei der Herstellung bestimmter Baustoffe, wie Beton, Estrich und Putz, erhebliche Mengen an Anmachwasser eingesetzt werden, die anschließend aus diesen Baustoffen wieder entweichen müssen. Nicht zu unterschätzen ist der schädliche Einfluss dieser Neubaufeuchte auf die Bausubstanz und insbesondere auf die Gesundheit der Bewohnenden. So findet sich bereits in der Rheumatiker-Fibel aus dem Jahre 1921 der folgende Spruch: *„In dem ersten Jahr vermiete dein Haus an deinen Feind, im zweiten Jahr an deinen Freund und im dritten Jahr ziehe selber ein."* (Mohr/Singer, 1921, S. 34) Schon damals war bekannt, dass die Feuchte aus der Bauphase ungesund ist und zur damaligen Zeit die Hauptursache für die „Gicht der Armen" war, wie Rheuma bezeichnet wurde.

Zu viel Feuchte in Wohnungen kann bis zur Schimmelpilzbildung auf Oberflächen führen, die nur durch eine ausgetrocknete Bausubstanz verhindert werden kann. Der Einzug in eine trockene Bausubstanz gestaltet sich jedoch immer schwieriger, da die Bauzeiten immer kürzer werden. Wurde ein Rohbau 1924 noch über den Jahreswechsel „ausgewintert", so muss ein Haus heute innerhalb von 6 Monaten bezugsfertig sein.

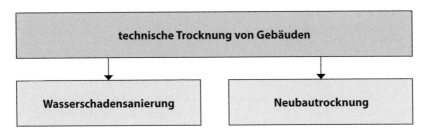

Abb. 1.1: Einsatzbereiche der technischen Trocknung von Gebäuden (Quelle: M. Resch)

Zu dem in das Neubaugebäude eingebrachten Anmachwasser von Baustoffen kommen noch diejenigen Wassermengen aus Niederschlägen hinzu, die durch einen oft nicht ordnungsgemäß hergestellten Schutz der Bauteile eingetragen werden.

Ohne technische Trocknungsmaßnahmen verbleibt diese Feuchte über mehrere Jahre hinweg im Gebäude und kann nur durch die Nutzenden über Heizen und Lüften „weggetrocknet" werden. Hierfür ist ein erheblicher Energieaufwand erforderlich, für dessen Kosten die Nutzenden selbst aufzukommen haben. Daher geschieht dies häufig nicht in dem notwendigen Umfang und in der erforderlichen Intensität – mit der Folge von Schimmelpilzschäden in und an Bauteilen, die dann in der Regel zu Rechtsstreitigkeiten zwischen den Auftraggebern sowie Planern, Unternehmen und Mietern führen.

Die sinnvolle Methode der technischen Trocknung zur Neubautrocknung ist in Deutschland nicht so verbreitet wie in unseren europäischen Nachbarländern. Obwohl die Neubautrocknung seit über 30 Jahren in Deutschland bekannt ist, hat sie sich nicht flächig durchgesetzt. Hier liegt noch ein Aufgabengebiet mit Wachstumspotenzial. So enthält das Gebäudeenergiegesetz (GEG) vom 8. August 2020 z. B. Dämmvorschriften für Außenfassaden – nur was nützen diese, wenn das Mauerwerk nass ist, sodass die Dämmeigenschaften der Dämmstoffe nicht mehr vorhanden sind. Eine Neubautrocknung müsste daher heute genauso vorgeschrieben werden wie die Dämmung der Fassade oder des Daches.

1.2   Wasserschadensanierung

Wasserschäden können vielfache Ursachen haben, deren Beseitigung immer im Vordergrund stehen muss, damit die eingeleiteten Trocknungsmaßnahmen erfolgreich verlaufen.

Wasser und Feuchte aus Havarien, Überschwemmungen, Rohrbrüchen oder als Folge von Baumängeln können ebenso schädlich für die Bausubstanz sein wie übermäßige Feuchteeinträge durch falsches Nutzungsverhalten von Bewohnenden. Handelt es sich bei dem Objekt um eine Mietwohnung, so hat der Gebäudeeigentümer grundsätzlich die Möglichkeit einzugreifen, um ihre Bausubstanz zu schützen. Ist es jedoch Eigentum, so obliegt es dem Eigentümer, zu handeln oder auch nicht. Die einschlägigen Gesetze sehen hier keine Regelung vor.

In den Bauordnungen der Bundesländer wird Folgendes gefordert (z. B. Bauordnung für das Land Nordrhein-Westfalen vom 21. Juli 2018):

„§ 3 Allgemeine Anforderungen

(1) Anlagen sind so anzuordnen, zu errichten, zu ändern und instand zu halten, dass die öffentliche Sicherheit und Ordnung, insbesondere Leben, Gesundheit und die natürlichen Lebensgrundlagen, nicht gefährdet werden, dabei sind die Grundanforderungen an Bauwerke gemäß Anhang I der Verordnung (EU) Nr. 305/2011 zu berücksichtigen. Dies gilt auch für die Beseitigung von Anlagen und bei der Änderung ihrer Nutzung. Anlagen müssen bei ordnungsgemäßer Instandhaltung die allgemeinen Anforderungen des Satzes 1 ihrem Zweck entsprechend dauerhaft erfüllen und ohne Missstände benutzbar sein. ..."

„§ 13 Schutz gegen schädliche Einflüsse

Bauliche Anlagen müssen so angeordnet, beschaffen und gebrauchstauglich sein, dass durch Wasser, Feuchtigkeit, pflanzliche und tierische Schädlinge sowie andere chemische, physikalische oder biologische Einflüsse Gefahren oder unzumutbare Belästigungen nicht entstehen. ...“

Für Eigentümer und Nutzende von Bauwerken ist ein **Feuchteschutz** aus den folgenden Gründen notwendig bzw. sinnvoll:

- Gewährung der Nutzbarkeit der Räume,
- Wärmeschutz der Bauwerke und
- Erhaltung der Bausubstanz.

Gewährung der Nutzbarkeit der Räume

Viele Nutzungen von Räumen erfordern ein eng definiertes Raumklima, das nur dann gewährleistet werden kann, wenn eine unkontrollierte äußere Feuchteeinwirkung ausgeschaltet ist. Auch die Leistungsfähigkeit des Menschen ist nur in einem eng begrenzten Klimabereich optimal.

Bauwerke und Räume müssen ferner ästhetischen Bedürfnissen genügen, die durch Folgen von Durchfeuchtungen erheblich beeinträchtigt werden können.

Schließlich sind feuchte Baustoffe Quellen für Keime und Geruchsstoffe und deshalb unerwünscht.

Wärmeschutz der Bauwerke

Der Energieaufwand zur Beheizung wird davon beeinflusst, ob ein Bauwerk trocken gehalten wird oder nicht.

Die Wärmeleitfähigkeit von Baustoffen steigt mit der Stofffeuchte an. Das heißt, dort, wo erhöhte Feuchte vorhanden ist, geht Wärme verloren.

Zu verdunstende Wassermengen aus durchfeuchteten Baustoffen und die Abführung zu feuchter Raumluft erfordern einen zusätzlichen Energieaufwand.

Erhaltung der Bausubstanz

Einer der wichtigsten Beschleuniger für den allmählichen, langfristig allerdings unvermeidlichen, Zerfall von Bauwerken ist ohne Zweifel Wasser. Es ermöglicht vielerlei bausubstanzschädigende chemische, physikalische und biologische Prozesse, die bei Trockenheit nicht ablaufen können. Daher gibt es schon lange die These: **Bauen ist Kampf gegen Wasser.**

2 Basiswissen Bauphysik, Baustoffe und Baukonstruktionen für die technische Trocknung in der Wasserschadensanierung

2.1 Basiswissen Bauphysik

Technische Trocknungsverfahren nutzen Prinzipien der Bauphysik, um Feuchte aus Baustoffen zu entfernen, sei es nach einem Wasserschaden oder sogar während der Bauphase. Die Bauphysik bezieht sich auf Bauwerke und Gebäude. Sie erklärt die physikalischen Grundlagen der Bautechnik im Zusammenhang mit der Durchlässigkeit von Wärme, Schall und Feuchte. In Bezug auf die Feststellung von Wasserschäden sowie deren professionelle Sanierung sind Kenntnisse von Baustoffen, von deren Strukturen und Eigenschaften sowie ein grundlegendes Wissen über verschiedene physikalische Prozesse essenziell, die in einem Gebäude hinsichtlich Wärme und Feuchte stattfinden.

In den folgenden Unterkapiteln zu den physikalischen Grundlagen werden einige Texte, Formeln, Tabellen und Bilder aus „Bautrocknung im Neubau und Bestand" (2014) verwendet.

2.1.1 Aggregatzustände von Wasser

Als Aggregatzustände von Stoffen werden allgemein hauptsächlich drei 3 unterschiedliche Zustandsformen verstanden: fest, flüssig und gasförmig (Abb. 2.1).

Die drei 3 Aggregatzustände lassen sich wie folgt beschreiben:

- **fest:** Ein fester Stoff wird durch eine bestimmte Form und ein bestimmtes Volumen gekennzeichnet. Ein fester Stoff kann nur durch äußere Krafteinwirkung (z. B. Druck) verändert werden und wird durch seine Oberfläche begrenzt.
- **flüssig:** Ein flüssiger Stoff hat ebenfalls ein bestimmtes Volumen, hingegen aber keine bestimmte Form. Er nimmt die Form des Behältnisses an, in dem er sich befindet oder bildet Tropfen aus. Flüssigkeiten bilden Oberflächen aus, die sie begrenzen.
- **gasförmig:** Ein gasförmiger Stoff hat weder eine bestimmte Form noch ein bestimmtes Volumen. Er verteilt sich in dem Raum, der ihm zur Ver-

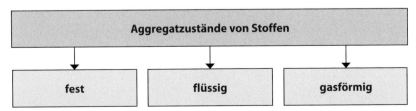

Abb. 2.1: Aggregatzustände von Stoffen (Quelle: Hankammer/Resch/Böttcher, 2014, S. 15)

fügung steht. Gase werden in ihrer Ausbreitung von der Umgebung begrenzt und bilden daher selbst keine Oberflächen, die sie von ihrer Umgebung abgrenzen.

Wasser kann unter der Einwirkung von Energieänderungen jeweils direkt von einem auf einen anderen Aggregatzustand übergehen. Zum Beispiel kann sich Schnee direkt in Wasserdampf umwandeln (Sublimation) und umgekehrt (Resublimation).

Tabelle 2.1: Übergänge der Aggregatzustände von Wasser (Quelle: Hankammer/Resch/Böttcher, 2014, S. 16)

von: ▼ nach: ▶	Feststoff: Eis	Flüssigkeit: Flüssigwasser	Gas: Wasserdampf
Feststoff: Eis	–	schmelzen	sublimieren
Flüssigkeit: Flüssigwasser	gefrieren	–	verdunsten (< 100 °C)
			verdampfen (> 100 °C)
Gas: Wasserdampf	resublimieren	kondensieren	–

Die Aggregatzustände des Wassers sind bei einem Normaldruck von 1.013 mbar unter folgenden Bedingungen für die **Temperatur ϑ** gegeben:

- fest (Eis): $\vartheta \leq 0$ °C,
- flüssig (Flüssigwasser): 0 °C $< \vartheta \leq 100$ °C,
- gasförmig (Wasserdampf): $\vartheta > 100$ °C.

Neben der Temperatur kommt es für die Veränderung des Aggregatzustandes von Wasser außerdem auf den **Luftdruck** an: Um am flachen Niederrhein ein weiches Frühstücksei genießen zu können, wird eine Kochzeit von ca. 3 Minuten (Siedepunkt: ca. 100 °C) benötigt. Um das gleiche Frühstücksei auf der Zugspitze (in 2.962 m Höhe) essen zu können, beträgt die Kochzeit ca. 7 Minuten (Siedepunkt: ca. 90 °C). Der Siedepunkt eines Stoffes sinkt mit abnehmendem Druck und daher auch bei zunehmender Höhenlage. Der Siedepunkt von Wasser nimmt je 300 m Höhenanstieg um 1 °C ab.

Die **Dichte** des Wassers ist temperaturabhängig; die größte Dichte liegt bei 4 °C. Eine Abnahme der Dichte bedeutet eine Vergrößerung des Volumens, wodurch es beim Gefrieren von Wasser zu Sprengwirkungen kommen kann.

Tabelle 2.2: Die Dichte von Wasser in Abhängigkeit von der Temperatur (Quelle: Hankammer/Resch/Böttcher, 2014, S. 16)

Temperatur	Aggregatzustand	Dichte
0 °C	Eis	0,9168 g/ml
0 °C	Flüssigwasser	0,999818 g/ml
4 °C	Flüssigwasser	1,000000 g/ml
10 °C	Flüssigwasser	0,999727 g/ml
20 °C	Flüssigwasser	0,998231 g/ml

2.1.2 Luftfeuchte

Die Luftfeuchte beschreibt den Anteil von gasförmigem Wasser (Wasserdampf) am Gasgemisch Luft. Physikalisch unterschieden werden dabei 3 Begriffe: Sättigungsfeuchte, absolute Luftfeuchte und relative Luftfeuchte.

Sättigungsfeuchte, absolute Luftfeuchte und relative Luftfeuchte

Die **Sättigungsfeuchte** ist die Obergrenze der Wasserdampfmenge in Gramm, die in einem Kubikmeter Luft bei einer bestimmten Temperatur aufgenommen werden kann. Die Angabe erfolgt in Gramm je Kubikmeter Luft (g/m^3).

Die **absolute Luftfeuchte** ist der tatsächliche Wasserdampfgehalt, der in einem bestimmten Raumvolumen enthalten ist. Die Angabe erfolgt in Gramm je Kubikmeter Luft (g/m^3).

Die **relative Luftfeuchte** gibt das Verhältnis der tatsächlichen Wasserdampfmenge in der Luft zur maximal möglichen Wasserdampfmenge bei einer bestimmten Temperatur an. Sie ist also der Quotient aus absoluter Luftfeuchte und Sättigungsfeuchte. Die relative Luftfeuchte wird in Prozent angegeben. Luft, die mit Wasserdampf gesättigt ist, hat eine relative Luftfeuchte von 100 %. Diese Sättigungsgrenze ist abhängig von der Lufttemperatur. Wärmere Luft hat einen höheren Sättigungsgehalt als kalte Luft. Erwärmt man also in einem geschlossenen System feuchte Luft, ohne dass Wasserdampf nachströmt, sinkt die relative Luftfeuchte. Umgekehrt erhöht sich die relative Luftfeuchte, wenn die Luft abgekühlt wird.

Der Sättigungswert für eine bestimmte Lufttemperatur kann einer Sättigungstabelle entnommen werden (Tabelle 2.3).

Tabelle 2.3: Sättigungsgehalt des Wasserdampfs w_s in der Luft bei verschiedenen Temperaturen θ (Quelle: Hankammer/Resch/Böttcher, 2014, S. 18)

θ in °C	w_s in g/m³	θ in °C	w_s in g/m³	θ in °C	w_s in g/m³	θ in °C	w_s in g/m³	θ in °C	w_s in g/m³
30,00	30,30	**20,00**	**17,30**	10,00	9,40	**0,00**	**4,84**	−10,00	2,14
29,00	28,70	19,00	16,30	9,00	8,80	−1,00	4,47	−11,00	1,96
28,00	27,20	18,00	15,40	8,00	8,30	−2,00	4,13	−12,00	1,80
27,00	25,80	17,00	14,50	7,00	7,80	−3,00	3,81	−13,00	1,65
26,00	24,40	16,00	13,60	6,00	7,30	−4,00	3,51	−14,00	1,51
25,00	23,00	15,00	12,80	5,00	6,80	−5,00	3,24	−15,00	1,38
24,00	21,80	14,00	12,10	4,00	6,40	−6,00	2,99	−16,00	1,27
23,00	20,60	13,00	11,40	3,00	6,00	−7,00	2,76	−17,00	1,15
22,00	19,40	12,00	10,70	2,00	5,60	−8,00	2,54	−18,00	1,05
21,00	18,30	11,00	10,00	1,00	5,20	−9,00	2,33	−19,00	0,96

Wasserdampfsättigungsdruck und Wasserdampfpartialdruck

Der **Wasserdampfsättigungsdruck** P_s ist abhängig von der Lufttemperatur und der relativen Luftfeuchte (siehe Tabelle 2.4). Er beschreibt den Druck des Wasserdampfs bei einer relativen Luftfeuchte von 100 % bei gegebener Temperatur. Die Luft ist dann mit Wasserdampf gesättigt.

Der **Wasserdampfpartialdruck** P ist der im Verhältnis zur relativen Luftfeuchte anteilige Druck des Wasserdampfs. Er lässt sich berechnen, indem der gemessene Wert der relativen Luftfeuchte φ in Prozent mit dem Wert des Wasserdampfsättigungsdrucks der gemessenen Lufttemperatur multipliziert wird:

$$P = P_s \cdot \varphi \text{ in Pa} \tag{2.1}$$

mit

P Wasserdampfpartialdruck in Pa
P_s Wasserdampfsättigungsdruck in Pa
φ relative Luftfeuchte in %

Ein Wasserdampftransport findet immer entsprechend dem Druckgefälle von einem hohen zu einem niedrigeren Niveau statt (Ausgleichsbestreben des Wasserdampfpartialdrucks).

Beispiel

Die Außenlufttemperatur beträgt 0 °C, die relative Luftfeuchte der Außenluft 80 %. Die Innenraumlufttemperatur beträgt 20 °C, die relative Luftfeuchte im Innenraum 50 %.

Der Wasserdampfsättigungsdruck der Außenluft P_{se} (kann aus Tabelle 2.4 entnommen werden) liegt mit einer Außenlufttemperatur von 0 °C bei 611 Pa.

Der Wasserdampfpartialdruck außen P_e wird errechnet:
611 Pa · 80 % = 489 Pa.

Der Wasserdampfsättigungsdruck der Innenraumluft P_{si} (kann aus Tabelle 2.4 entnommen werden) liegt mit einer Innenraumlufttemperatur von 20 °C bei 2.340 Pa.

Der Wasserdampfpartialdruck innen P_i wird errechnet:
2.340 Pa · 50 % = 1.170 Pa.

Der Wasserdampftransport findet entsprechend dem Druckgefälle von innen (1.170 Pa) nach außen (489 Pa) statt.

Tabelle 2.4: Wasserdampfsättigungsdruck in der Luft bei Temperaturen von 30,9 bis –20,9 °C (Quelle: Hankammer/Resch/Böttcher, 2014, S. 20)

Temperatur in °C	Wasserdampfsättigungsdruck in Pa									
	0,0	0,1	0,2	0,3	0,4	0,5	0,6	0,7	0,8	0,9
30	4.244	4.269	4.294	4.319	4.344	4.369	4.394	4.419	4.445	4.469
29	4.005	4.028	4.052	4.075	4.099	4.122	4.146	4.170	4.194	4.218
28	3.780	3.802	3.824	3.846	3.869	3.891	3.914	3.936	3.959	3.982
27	3.565	3.586	3.607	3.628	3.650	3.671	3.693	3.714	3.736	3.758
26	3.361	3.381	3.401	3.421	3.442	3.462	3.482	3.503	3.524	3.544
25	3.168	3.187	3.206	3.225	3.244	3.263	3.283	3.302	3.322	3.342
24	2.984	3.002	3.020	3.038	3.057	3.075	3.093	3.112	3.131	3.149
23	2.810	2.827	2.844	2.861	2.879	2.896	2.914	2.931	2.949	2.967
22	2.645	2.661	2.677	2.694	2.710	2.726	2.743	2.760	2.776	2.793
21	2.488	2.503	2.519	2.534	2.550	2.565	2.581	2.597	2.613	2.629

Fortsetzung Tabelle 2.4

Tempe-ratur in °C	Wasserdampfsättigungsdruck in Pa									
	0,0	0,1	0,2	0,3	0,4	0,5	0,6	0,7	0,8	0,9
20	2.340	2.354	2.369	2.383	2.398	2.413	2.428	2.443	2.458	2.473
19	2.199	2.213	2.226	2.240	2.254	2.268	2.282	2.297	2.311	2.325
18	2.066	2.079	2.092	2.105	2.118	2.131	2.145	2.158	2.172	2.185
17	1.940	1.952	1.964	1.977	1.989	2.002	2.014	2.027	2.040	2.053
16	1.820	1.832	1.844	1.855	1.867	1.879	1.891	1.903	1.915	1.927
15	1.707	1.718	1.729	1.741	1.752	1.763	1.774	1.786	1.797	1.809
14	1.601	1.611	1.622	1.632	1.643	1.653	1.664	1.675	1.686	1.696
13	1.500	1.510	1.520	1.530	1.540	1.550	1.560	1.570	1.580	1.590
12	1.405	1.414	1.423	1.433	1.442	1.452	1.461	1.471	1.480	1.490
11	1.315	1.324	1.332	1.341	1.350	1.359	1.368	1.377	1.386	1.396
10	1.230	1.238	1.247	1.255	1.263	1.272	1.280	1.289	1.298	1.306
9	1.150	1.158	1.166	1.174	1.182	1.190	1.198	1.206	1.214	1.222
8	1.075	1.082	1.089	1.097	1.104	1.112	1.119	1.127	1.135	1.142
7	1.004	1.011	1.018	1.025	1.032	1.039	1.046	1.053	1.060	1.067
6	937	943	950	956	963	970	976	983	990	997
5	874	880	886	892	899	905	911	918	924	930
4	815	820	826	832	838	844	850	856	862	868
3	759	764	770	775	781	786	792	798	803	809
2	707	712	717	722	727	732	738	743	748	754
1	658	662	667	672	677	682	687	692	697	702
0	611	616	620	625	630	634	639	643	648	653

Fortsetzung Tabelle 2.4

Tempe-ratur in °C	Wasserdampfsättigungsdruck in Pa									
	0,0	0,1	0,2	0,3	0,4	0,5	0,6	0,7	0,8	0,9
–0	612	607	602	597	592	587	583	578	573	568
–1	563	559	554	550	545	540	536	531	527	523
–2	518	514	510	505	501	497	493	489	485	480
–3	476	472	468	464	461	457	453	449	445	441
–4	438	434	430	427	423	419	416	412	409	405
–5	402	398	395	392	388	385	382	378	375	372
–6	369	366	362	359	356	353	350	347	344	341
–7	338	335	332	329	327	324	321	318	315	313
–8	310	307	305	302	299	297	294	291	289	286
–9	284	281	279	276	274	272	269	267	265	262
–10	260	258	255	253	251	249	246	244	242	240
–11	238	236	234	231	229	227	225	223	221	219
–12	217	215	213	212	210	208	206	204	202	200
–13	199	197	195	193	191	190	188	186	185	183
–14	181	180	178	176	175	173	172	170	168	167
–15	165	164	162	161	159	158	156	155	154	152
–16	151	149	148	147	145	144	143	141	140	139
–17	137	136	135	134	132	131	130	129	127	126
–18	125	124	123	122	120	119	118	117	116	115
–19	114	113	112	111	110	109	107	106	105	104
–20	103	102	101	100	99	98	97	96	95	94

2.1.3   Materialfeuchte

Unter Materialfeuchte wird die Menge freien Wassers verstanden, die in einem Feststoff (Baustoff) enthalten ist.

Alle mineralischen Baustoffe verfügen über Poren und Kapillaren mit unterschiedlichen Formen, Durchmessern und Volumen. Die Unterschiede in der Art der Poren bestimmen die Möglichkeiten eines Baustoffs, Wasser aufzunehmen. Darüber hinaus können mineralische Baustoffe neben dem physikalisch gebundenen Wasser auch freies Wasser einlagern und chemisch gebundenes Wasser enthalten. Chemisch gebundenes Wasser ist das Wasser, das z. B. während der Hydration zementhaltiger Baustoffe chemisch mit dem Zement reagiert.

Der Wassergehalt eines Baustoffs bestimmt sich jedoch ausschließlich durch das physikalisch gebundene und das frei eingelagerte Wasser. Das chemisch gebundene Wasser ist in der Struktur des Baustoffs eingebaut und wird bei der Bestimmung des Wassergehalts nicht berücksichtigt.

Massebezogener Wassergehalt

Der massebezogene Wassergehalt bezeichnet das Verhältnis der in einem Stoff enthaltenen physikalisch gebundenen und freien Wassermasse zur Masse des trockenen Baustoffs.

Als dimensionsloser Dezimalwert wird der massebezogene Wassergehalt u mit folgender Gleichung bestimmt:

$$u = \frac{m_{\text{Baustoff, feucht}} - m_{\text{Baustoff, trocken}}}{m_{\text{Baustoff, trocken}}} \qquad (2.2)$$

mit

u massebezogener Wassergehalt der Baustoffprobe
$m_{\text{Baustoff, feucht}}$ Masse der feuchten Baustoffprobe in kg
$m_{\text{Baustoff, trocken}}$ Masse der getrockneten Baustoffprobe in kg

Der massebezogene Wassergehalt u_{m} in Masseprozent wird mit folgender Gleichung bestimmt:

$$u_{\text{m}} = \frac{m_{\text{Baustoff, feucht}} - m_{\text{Baustoff, trocken}}}{m_{\text{Baustoff, trocken}}} \cdot 100\ \%\ \text{in Masse-\%} \qquad (2.3)$$

mit

u_{m} massebezogener Wassergehalt der Baustoffprobe in Masse-%
$m_{\text{Baustoff, feucht}}$ Masse der feuchten Baustoffprobe in kg
$m_{\text{Baustoff, trocken}}$ Masse der getrockneten Baustoffprobe in kg

Volumenbezogener Wassergehalt

Der volumenbezogene Wassergehalt ψ als dimensionsloser Dezimalwert wird mit folgender Gleichung bestimmt:

$$\psi = \frac{V_{\text{Wasser}}}{V_{\text{Baustoff}}} \qquad (2.4)$$

mit

ψ volumenbezogener Wassergehalt der Baustoffprobe
V_{Wasser} Volumen des Wassers in der Baustoffprobe in m^3
V_{Baustoff} Volumen der Baustoffprobe in m^3

Das Volumen des Wassers in der Baustoffprobe ergibt sich mit folgender Gleichung:

$$V_{\text{Wasser}} = \frac{m_{\text{Baustoff, feucht}} - m_{\text{Baustoff, trocken}}}{\rho_{\text{Wasser}}} \text{ in } m^3 \qquad (2.5)$$

mit

V_{Wasser} Volumen des Wassers in der Baustoffprobe in m^3
$m_{\text{Baustoff, feucht}}$ Masse der feuchten Baustoffprobe in kg
$m_{\text{Baustoff, trocken}}$ Masse der getrockneten Baustoffprobe in kg
ρ_{Wasser} Rohdichte des Wassers in kg/m^3 ($\approx 1.000\ kg/m^3$)

Der volumenbezogene Wassergehalt und der massebezogene Wassergehalt stehen wie folgt in Beziehung:

$$u = \frac{\rho_{\text{Wasser}}}{\rho_{\text{Baustoff}}} \cdot \psi \qquad (2.6)$$

mit

u massebezogener Wassergehalt der Baustoffprobe
ρ_{Wasser} Rohdichte des Wassers in kg/m^3 ($\approx 1.000\ kg/m^3$)
ρ_{Baustoff} Rohdichte des Baustoffs in kg/m^3
ψ volumenbezogener Wassergehalt der Baustoffprobe

Der volumenbezogene Wassergehalt von Baustoffen mit Hohlräumen, wie z. B. Lochsteinen, bezieht sich stets auf den Baustoff ohne Hohlräume. Das Volumen ohne Hohlräume lässt sich beispielsweise im Eintauchverfahren bestimmen, bei dem die Baustoffprobe in ein mit Wasser gefülltes Messgefäß eingetaucht wird. Der Pegelanstieg des Wassers entspricht dem Volumen des eingetauchten Probekörpers ohne dessen Hohlräume.

Sättigungsfeuchte

Die Sättigungsfeuchte u_{max} eines Baustoffs stellt sich unter Druck oder unter lang anhaltender Wasserlagerung ein, wenn sich sämtliche Poren des Baustoffs mit Wasser gefüllt haben. Der Baustoff hat dann die für ihn maximal mögliche Wassermenge aufgenommen. Die Sättigungsfeuchte stellt die Bezugsgröße für die Bestimmung des Durchfeuchtungsgrades dar.

Durchfeuchtungsgrad

Der Durchfeuchtungsgrad DFG bezeichnet das Verhältnis des massebezogenen Wassergehalts u zur Sättigungsfeuchte u_{max} des Baustoffs:

$$DFG = \frac{u}{u_{max}} \cdot 100\ \%\ \text{in}\ \% \tag{2.7}$$

mit

DFG Durchfeuchtungsgrad in %
u massebezogener Wassergehalt der Baustoffprobe
u_{max} Sättigungsfeuchte des Baustoffs

Der Durchfeuchtungsgrad DFG gibt an, welcher Anteil in Prozent des für Wasser zugänglichen Porenvolumens zum Zeitpunkt der Probeentnahme mit Wasser gefüllt war.

Freier Wassergehalt

Der freie Wassergehalt u_f (auch als freiwilliger Wassergehalt bezeichnet) ist die Wassermenge, die ein Baustoff aufnimmt, wenn er einige Zeit der Einwirkung von drucklosem Wasser ausgesetzt ist. Die Differenz zwischen dem freien Wassergehalt und der Sättigungsfeuchte ist für die Frostbeständigkeit von Baustoffen von Bedeutung.

Feuchtezustand

Der Feuchtezustand bezeichnet das Verhältnis des massebezogenen Wassergehalts u zum freien Wassergehalt u_f des Baustoffs:

$$\text{Feuchtezustand} = \frac{u}{u_f} \cdot 100\ \%\ \text{in}\ \% \tag{2.8}$$

mit

u massebezogener Wassergehalt der Baustoffprobe
u_f freier Wassergehalt des Baustoffs

Der Feuchtezustand kann Hinweise auf die Intensität und die Dauer der Wassereinwirkung geben. Bei der Ermittlung der Baustofffeuchte sind die Werte des Wassergehalts u in den Untersuchungsergebnissen häufig kleiner als die des freien Wassergehalts u_f.

Bei Werten oberhalb von 100 % kann eine anhaltende Wassereinwirkung unter hydrostatischem Druck vorliegen. In diesem Fall übersteigt der Wert des Wassergehalts u den Wert des freien Wassergehalts u_f.

Gleichgewichtsfeuchte

Die Gleichgewichtsfeuchte u_Φ eines Baustoffs ist derjenige massebezogene Wassergehalt, der in der Praxis, d. h. in eingebauten Baustoffen, bei Luftlagerung und einer gegebenen relativen Luftfeuchte Φ mit einer Wahrscheinlichkeit von 90 % nicht überschritten wird. Die Gleichgewichtsfeuchte u_{50} bezeichnet beispielsweise den massebezogenen Wassergehalt eines Baustoffs, der sich bei einer relativen Luftfeuchte von 50 % einstellt.

Werden trockene Proben aufgefeuchtet, steigt der Wasserdampfgehalt an. Dieser Vorgang entspricht einer Sorption. Werden feuchte Proben getrocknet, sinkt der Wasserdampfgehalt. Dieser Vorgang entspricht einer Desorption. Die Masse des jeweils im Baustoff enthaltenen Wasserdampfes lässt sich zur relativen Luftfeuchte durch die Sorptionsisotherme und die Desorptionsisotherme in Bezug bringen (siehe Kapitel 2.1.4). Da beide Vorgänge unterschiedlich verlaufen, sind die beiden Isothermen nicht identisch.

Kritischer Wassergehalt

Der kritische Wassergehalt u_{kr} bildet die untere Grenze für die Möglichkeit kapillaren Wassertransports. Er stellt sich im kapillar durchfeuchteten Bereich eines ansonsten trockenen Baustoffs ein. Die Wasserverdunstung an der Baustoffoberfläche wird nicht mehr befriedigt.

2.1.4 Wassertransport in porösen Baustoffen und Bauteilen

Der Wassertransport in porösen Baustoffen erfolgt durch verschiedene physikalische Mechanismen, wie Kapillarität, Diffusion und Konvektion.

Die **Kapillarität** beschreibt das Aufsteigen von Flüssigkeiten in engen Röhren (Kapillaren) oder Hohlräumen (Poren). Dabei gilt: Je enger eine Kapillare ist, desto höher steigt in ihr die Flüssigkeit. Der Kapillartransport tritt aufgrund der Oberflächenspannung auf, die bewirkt, dass Flüssigkeiten in engen Räumen entgegen der Wirkung der Schwerkraft nach oben steigen. Ein gutes Beispiel für den Flüssigkeitstransport durch Kapillare sind Bäume. Diese haben sehr dünne Kapillare, über die Äste und Blätter bis in die Baumwipfel mit Wasser versorgt werden.

Diffusion ist die selbständige Bewegung von Teilchen verschiedener Stoffe aufgrund eines Konzentrationsunterschieds der Stoffe in Stoffgemischen. Der Prozess führt zu einer Durchmischung der unterschiedlichen Stoffe. Auch Wasser kann durch Diffusion transportiert werden. **Konvektion** tritt auf, wenn Wasser durch Luftströmungen innerhalb eines Materials bewegt wird.

Die genannten physikalischen Mechanismen können einzeln, aber auch in Kombination auftreten. Sie sind abhängig von der Beschaffenheit und den Eigenschaften des Baustoffs, in dem sie wirken, sowie dessen Umgebungsbedingungen, wie Temperatur und Luftfeuchte.

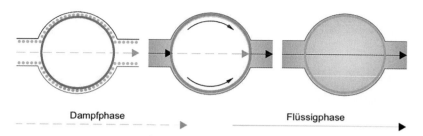

Abb. 2.2: Wassertransport in Poren (Quelle: Praxis-Handbuch Bautenschutz, 2012, S. 133)

Der Wassertransport in Baustoffen kann zu Problemen wie Strukturschäden und Energieverlust führen, aber auch zu einer Schimmelpilzbildung innerhalb der Gebäudehülle. Für die technische Trocknung ist ein grundlegendes Verständnis dieser Prozesse entscheidend, um Feuchteprobleme diagnostizieren und dadurch geeignete technische Trocknungsmaßnahmen ergreifen sowie Feuchtekontrollen der betroffenen Baustoffe und Erfolgskontrollen der Trocknungsmaßnahmen durchführen zu können.

Phasen des Wassertransports

Sowohl bei der technischen als auch bei der natürlichen Trocknung wird der Wassertransport in porösen Baustoffen in 3 Phasen (Abb. 2.2) unterteilt:

- Phase 1: der Flüssigwassertransport,
- Phase 2: der Kapillartransport und
- Phase 3: die Diffusionsphase.

Beim **Flüssigwassertransport** sind die Kapillaren komplett mit Wasser gefüllt. In dieser Phase verläuft die Austrocknung am schnellsten, da das meiste Wasser von innen nach außen befördert wird. Diese Phase hält allerdings nur 3 bis 5 Tage (je nach Baustoff) an. Danach wechselt der Austrocknungsprozess in den Kapillartransport.

In der Phase des **Kapillartransports** sind die Kapillaren nicht mehr ganz mit Wasser gefüllt, jedoch immer noch so weit, dass flüssiges Wasser von innen nach außen gefördert wird. Diese Phase ist bei der technischen Trocknung so lange wie möglich aufrechtzuerhalten, da hier eine optimale Austrocknung stattfindet. Im Anschluss an Phase 2 wechselt der Trocknungsprozess in die Diffusionsphase.

Gelangt der Austrocknungsprozess in die **Diffusionsphase**, stockt die Trocknung. Die Kapillaren transportieren jetzt nur noch Wasserdampf. Dieser Prozess sollte bei der technischen Trocknung unbedingt vermieden werden, denn er verzögert die Austrocknung immens. Tritt diese Phase bei einer technischen Trocknung dennoch ein, sind alle Entfeuchtungsgeräte abzuschalten und/oder die zu trocknenden Bauteile zu bewässern, damit sich die Kapillaren wieder mit Wasser füllen können. Die Diffusionsphase wird schnell erreicht, wenn Entfeuchtungsgeräte überdimensioniert sind, d. h. in einem Raum bzw. in einem Objekt zu viele Geräte aufgestellt werden, die der Umgebungs- bzw. Raumluft mehr Feuchte entziehen, als die Kapillaren nachtransportieren können. Der Feuchtestrom reißt ab, die Trocknung ist

Abb. 2.3: Ziegelober-fläche in Nahaufnahme (Quelle: WTA Merkblatt 6-15, 2013)

unterbrochen. Durch die damit einhergehende Temperaturerhöhung kann dieser Effekt noch schneller eintreten.

Fazit

Eine effiziente und nachhaltige technische Trocknung kann nur in den Phasen 1 „Flüssigwassertransport" und 2 „Kapillartransport" erfolgen. Da die Phase 1 nicht sehr lange anhält, muss die Phase 2 so lange wie mög-lich aufrechterhalten werden.

Erreichen der Ausgleichsfeuchte

Kapillarporöse Baustoffe bestehen aus Luftporen, die mitunter schon bei einfacher Betrachtung zu erkennen sind. Beton z. B. besteht zu ca. 20 % und Porenbeton sogar zu ca. 80 % seines Volumens aus Poren, also theoretisch aus einer großen Menge Luft. So genannte Makroporen weisen einen Durch-messer um 1 mm auf (Abb. 2.3). Kleinere Poren werden als Kapillarporen (Durchmesser um 1.000 nm) und Mikroporen (Durchmesser um 1 nm) bezeichnet. Der Durchmesser eines Wassermoleküls beträgt nur 0,28 nm, sodass Wassermoleküle auch noch in Mikroporen gelangen können. Wasser kann die Luft aus den Porenräumen verdrängen. Durch diese Wassereinlage-rung verlieren Dämmstoffe ihr Wärmedämmvermögen.

In der uns umgebenden Umwelt liegen Wassermoleküle je nach Klimabe-dingungen im gasförmigen Aggregatzustand (unsichtbarer Dampf), in flüs-siger (Nebel, Wassertropfen, Wasserfilme) oder in fester Form (Eiskristalle) vor. Optisch kaum sichtbar, vollziehen sich die Phasenübergänge zwischen diesen Aggregatzuständen auch in den Poren kapillarporöser Baustoffe.

Jeder poröse Baustoff nimmt Wasser aus der Luft auf und gibt es auch wieder an die Luft ab. Diese Wasseraufnahme- und -abgabefähigkeit ist baustoffabhängig und lässt sich über die sog. Sorptionsisothermen beschrei-ben. In diesen **Sorptionsisothermen** ist der Wassergehalt der Baustoffe in Abhängigkeit von der relativen Luftfeuchte der umgebenden Luft dargestellt, der sich bei einem konstanten Klima auf Dauer einstellt. Dieser Wert wird

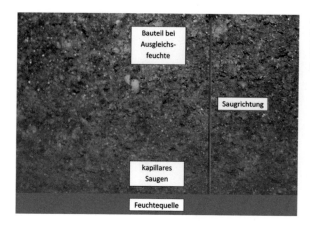

Abb. 2.4: Saugvorgang bei Baustoffporen; Fotosimulation (Quelle: WTA Merkblatt 6-15, 2013)

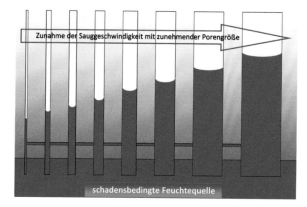

Abb. 2.5: Saugvorgang bei verbundenen Zylinderporen; Modell (Quelle: WTA Merkblatt 6-15, 2013)

auch als **Ausgleichsfeuchte** bzw. Gleichgewichtsfeuchte oder als hygroskopische Feuchte bezeichnet.

Die Sorptionsisothermen poröser Baustoffe haben einen typischen Verlauf. Bei der Wasseraufnahme (Sorption) und der Wasserabgabe (Desorption) des Baustoffs aus der bzw. an die Luft stellt sich ein Gleichgewicht ein, wenn die relative Luftfeuchte konstant ist. Sinkt die relative Luftfeuchte ab, so gibt der Baustoff Wasser durch Verdunstung ab (Phasenübergang flüssig in gasförmig). Erhöht sich die relative Luftfeuchte der Umgebungsluft, so nimmt der Baustoff Wasser aus der umgebenden Luft auf, der Wassergehalt des Baustoffs steigt an. Ideale Voraussetzung zur Beurteilung des Wassergehalts eines Baustoffs ist die Kenntnis der vollständigen Sorptionsisothermen des zu untersuchenden Baustoffs. Hierzu ist es notwendig, die Ausgleichsfeuchte des Baustoffs bei relativen Luftfeuchten von 0 % bis nahe 100 % zu bestimmen.

Saugvorgang und kapillare Weiterleitung

Aufgrund ihrer sehr geringen Durchmesser besitzen die Poren eine wesentliche Eigenschaft: Kapillarität. Je nach Kapillardurchmesser entwickeln sie eine unterschiedliche Sauggeschwindigkeit und verursachen eine un-

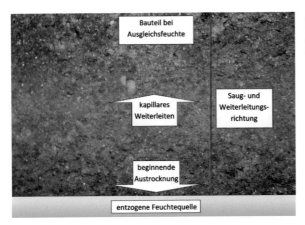

Abb. 2.6: Vorgang der Weiterleitung; Fotosimulation (Quelle: WTA Merkblatt 6-15, 2013)

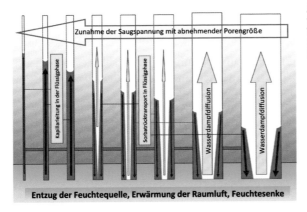

Abb. 2.7: Weiterleitung absorbierten Wassers; Modell (Quelle: WTA Merkblatt 6-15, 2013)

terschiedliche Saugspannung, um Wasser im flüssigen oder gasförmigen Zustand aufzunehmen. Die Feuchtezunahme erfolgt in 2 Vorgängen: dem Saugvorgang, der zur Wasseraufnahme an der Bauteiloberfläche führt, und der kapillaren Weiterleitung, die eine Verteilung der Feuchte im Bauteil bewirkt.

In den Abb. 2.4 und 2.5 ist das Kapillaritätsprinzip schematisch dargestellt: Kapillarröhrchen tauchen in eine Feuchtequelle (z. B. ein Wasserbad) ein. Nach einer gewissen Zeit stagniert die anfängliche Zunahme des Wasserstands in den Röhrchen und kehrt sich nach Entzug der Feuchtequelle um.

Zunächst saugen die größeren Baustoffporen das Wasser mit der größten Geschwindigkeit auf. Sie geben nach Entzug der Feuchtequelle das aufgesaugte Wasser aber auch am schnellsten wieder ab.

Versiegt die Feuchtequelle oder wird sie entzogen, saugen die noch nicht gefüllten kleineren Poren die größeren Poren leer. Die kleineren Poren entwickeln die größere Saugspannung. Die Feuchte verteilt sich im Bauteil. Gleichzeitig beginnt der Desorptionsvorgang. Bei Erwärmung der Raumluft und Absenkung der relativen Raumluftfeuchte entstehen typische Richtungen der Dampfdiffusion und des Sorbattransports (Abb. 2.6 und 2.7).

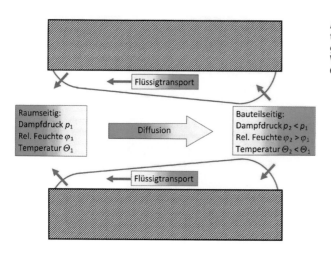

Abb. 2.8: Wassertransportvorgänge; Modell (Quelle: WTA Merkblatt 6-15, 2013)

Wassertransportprozesse bei technischen Trocknungen

Schon bei einer sehr geringen relativen Raumluftfeuchte, bei der in der Luft nur Gasmoleküle des Wassers vorhanden sind, lagern sich an den Porenwänden erste Moleküllagen des Wassers in flüssiger Form an. Dort bildet sich ein Sorbatfilm, während der innere Teil der Poren noch gasförmiges Wasser (Dampf) enthalten kann.

Bei technischen Trocknungen durchfeuchteter Bauteile wird die Raumluft zusätzlich erwärmt (die Raumlufttemperatur ist größer als die Bauteiltemperatur). Gleichzeitig wird die Raumluft entfeuchtet (die Raumluftfeuchte ist kleiner als die Porenluftfeuchte). Mit steigender Temperatur steigt der Dampfdruck. Da noch nicht gefüllte Poren wenig Wasser enthalten, ist der Dampfdruck in diesen Poren geringer als der raumseitige Dampfdruck (Abb. 2.8). Der Diffusionsstrom ist dadurch ins Bauteil gerichtet, während das Sorbat an den Porenwänden an die Bauteiloberfläche zurücktransportiert wird, um dort zu verdunsten.

Eine Erhöhung der Raumlufttemperatur führt zu einem ungünstigen Dampfdruckgefälle und somit zu einer Diffusionsrichtung, die der Trocknungsrichtung entgegengerichtet ist. Da bei der technischen Trocknung mit Kondensations- oder Adsorptionstrocknern (siehe Kapitel 4.1 und 4.2) jedoch die relative Raumluftfeuchte abgesenkt wird, entsteht ein Feuchtegefälle zur Raumseite. Gleichzeitig dient die Erwärmung der Raumluft der Erhöhung ihrer Wasseraufnahmefähigkeit durch die Steigerung ihrer möglichen Sättigungskonzentration.

Für technische Trocknungen ist die Aufrechterhaltung des **Rücktransports flüssigen Wassers** im Sorbatfilm und in den feinsten Kapillaren infolge des Feuchtegefälles wesentlich. Die Feuchtezunahme durch Diffusion wird dadurch gebremst und kompensiert. Durch den Einsatz von Gebläsen wird ein konvektiver Abtransport der Feuchtefracht an der Bauteiloberfläche (Verdunstungsebene) bewirkt. Die Effektivität des konvektiven Feuchteabtransports von der Bauteiloberfläche übersteigt die Leistung der Wassertransportprozesse im Bauteil um ein Vielfaches.

Beim Saugvorgang dominiert der Einfluss der größeren Poren, beim Weiterleiten beherrschen die kleineren Poren den Wasserhaushalt des Bauteils in „parasitärer" Weise. Gegen eine desorptive Wasserabgabe nach einem Wasserquellenentzug leisten die kleineren Poren mehr Widerstand. Es bestehen also **entgegengerichtete Wassertransportprozesse**:

- einerseits eine diffusionsbedingte Weiterverteilung von Wasserdampf sowie eine kapillarbedingte Umverteilung von Flüssigwasser im Bauteil und
- andererseits eine natürliche Austrocknung der ursprünglich wasserberührten oder -benetzten Bauteiloberfläche, die durch die technische Trocknung beschleunigt werden soll.

Zur Beschleunigung des natürlichen Austrocknungsprozesses muss bei einer technischen Trocknung von Bauteilen und/oder Baustoffen (Kapillartransport zur Raumseite) nach einer Raumlufterwärmung ein Wassertransport entgegen der Diffusionsrichtung des Wassers im gasförmigen Zustand (Dampf) und entgegen der Saugrichtung noch nicht gefüllter und kleinerer Baustoffporen erzwungen werden. Das Konzentrationsgefälle des Wassergehaltes im Bauteil wird dadurch von einem nicht linearen Verlauf geprägt. Das WTA-Merkblatt 6-15 „Technische Trocknung durchfeuchteter Bauteile – Teil 1: Grundlagen" (2013) stellt dazu Folgendes fest (WTA-Merkblatt 6-15 [2013], S. 12):

„Die Gleichgewichtsfeuchte eines Baustoffes stellt sich unter den Umgebungsbedingungen ein. Eine höhere Luftfeuchtigkeit führt allmählich zu einem Anstieg der Gleichgewichtsfeuchte. Sinkt die Luftfeuchtigkeit, so sinkt in bestimmter Zeit auch wieder die Baustofffeuchte, weil Feuchtigkeit aus dem Baustoff an die Umgebung abgegeben wird. Die technische Trocknung durchfeuchteter Bauteile nutzt also folgende Zusammenhänge:

- *Grundlegende Voraussetzung einer effektiven technischen Trocknung ist die Beseitigung von stehendem Wasser (z. B. durch Absaugung). Damit wird in einem ersten Schritt die Wasserquelle liquidiert.*
- *Das physikalische Grundprinzip des Gleichgewichts der Feuchte bildet die Grundlage für die Verfahren in der technischen Trocknung von durchfeuchteten Bauteilen. Je geringer die relative Feuchte und je höher die Temperatur der Umgebungsluft im Vergleich zum durchfeuchteten Bauteil ist, umso höher ist auch das sich einstellende Konzentrationsgefälle.*
- *Geeignete Trocknungsmaßnahmen beeinflussen das vorhandene Konzentrationsgefälle derart, dass sich ein Feuchte- und somit ein Dampfdruckausgleich vom Bauteil/Baustoff in Richtung Umgebungsluft einstellt.*
- *Ein gängiges Vorgehen zur Verstärkung des Konzentrations- bzw. Dampfdruckgefälles ist die Absenkung der Luftfeuchte der Umgebungsluft, wobei der konvektive Abtransport der feuchtegesättigten Luft unmittelbar von dessen Bauteil-/Materialoberfläche durch Gebläseeinsatz als wirksame Maßnahme genutzt wird.*
- *Eine weitere Möglichkeit der Beeinflussung des Konzentrations- bzw. Dampfdruckgefälles ist eine geregelte Temperaturerhöhung im Bauteil/Baustoff. Hierbei werden zusätzlich flankierende Maßnahmen zur Regulierung bzw. Abführung der Luftfeuchte aus der Umgebungsluft erforderlich."*

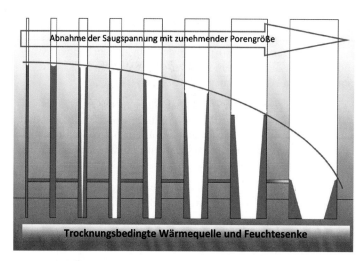

Abb. 2.9: Gefälle des Wassergehalts bei einer einseitig (rechts) wasserge-schädigten Innen-wand nach einer technischen Trock-nung; Modell (Quel-le: WTA Merkblatt 6-15, 2013)

Durch die sorptive Wasseraufnahme nach Wasserschäden gehen **Bausalz-kristalle**, die sich vor dem Schaden in den Baustoffporen gebildet hatten, in Lösung. Bei der technischen Trocknung werden die gelösten Salze im „Huckepack-Prinzip" beim Rücktransport zur Bauteiloberfläche verfrachtet. Sie lagern sich beim Verdunsten des Wassers in oberflächennahen Baustoff-schichten an und kristallisieren in den Poren dieser Schichten sowie an der Bauteiloberfläche in verstärktem Maße aus. Bei einer natürlichen Austrock-nung würde dieser Vorgang ebenfalls, jedoch später auftreten.

Nach Kondensationstrocknungen unter Einsatz von Warmluftgebläsen kann z. B. eine **Wasserverteilung** an einer einseitig wassergeschädigten Innen-wand auftreten, wie sie in Abb. 2.9 dargestellt ist. Abb. 2.10 zeigt beispielhaft das Konzentrationsgefälle des Wassergehalts einer aus verschiedenen Bau-stoffen aufgebauten Wand nach einer ca. 8 Wochen andauernden Kondensa-tionstrocknung.

Mit Feuchtemessgeräten, die den Wassergehalt von Bauteilen nur **oberflä-chennah** detektieren, kann nach einer gewissen Austrocknungsphase aus den Messwertanzeigen vorschnell ein akzeptierbarer Feuchtezustand des Bauteils interpretiert werden, obwohl tiefer liegende Bauteilschichten noch bauschadensträchtige Wassergehalte aufweisen können.

Wird die Trocknungsleistung der Geräte **überdimensioniert**, reißt nach einer gewissen Zeit der Rücktransport des flüssigen Sorbatfilmwassers in den oberflächennahen Poren ab (zur Dimensionierung von Trocknern siehe Kapitel 4.1 und 4.2). Auch daraus kann vorschnell ein Erfolg der Trocknung abgeleitet werden. Dies gilt nicht bei dem Einsatz von Mikrowellentrock-nern, Heizstäben und Infrarotheizplatten (siehe Kapitel 4.8 bis 4.10), da bei diesen technischen Trocknungen die Temperatur an den Stellen des eingela-gerten Wassers oder im Bauteilkern erhöht wird, sodass von diesen Lokalitä-ten auch der Diffusionsstrom ausgeht.

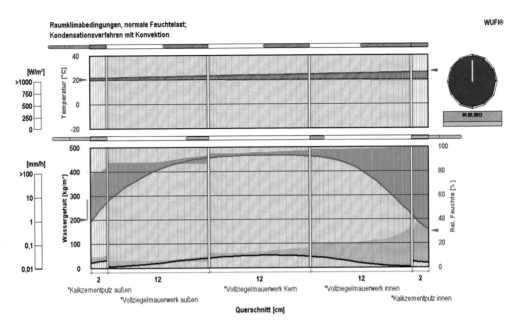

Abb. 2.10: Konzentrationsgefälle des Wassergehalts nach einer ca. 8-wöchigen Kondensationstrocknung (Quelle: WTA Merkblatt 6-15, 2013)

Fazit

Eine technische Trocknung ist dann erfolgreich, wenn sich im **gesamten Bauteil** die nutzungsbedingt üblichen Feuchtegradienten wieder herausgebildet bzw. auf unschädliche Wassergehalte reduziert haben.

2.1.5 Brownsche Bewegung

Die in Flüssigkeiten oder Gasen ständig auftretende unregelmäßige und ruckartige Teilchenbewegung wird als Brownsche Bewegung oder Brownsche Molekularbewegung bezeichnet. Benannt ist sie nach dem Botaniker Robert Brown, der diese Bewegung 1827 unter dem Mikroskop entdeckte. Die Brownsche Bewegung ist ein physikalischer Vorgang, der sich in vielen alltäglichen Situationen beobachten lässt.

Ein anschauliches Beispiel für die Brownsche Bewegung ist die **Diffusion von Parfüm** in einem Raum. Wird ein Spritzer Parfüm in die Luft abgegeben, breiten sich die Parfümmoleküle durch die Brownsche Bewegung schnell und gleichmäßig im Raum aus. Um zu verstehen, wie die Brownsche Bewegung funktioniert, muss zunächst die Molekularebene betrachtet werden: Parfüm besteht aus einer Vielzahl von Molekülen, die sich in einer flüssigen Lösung befinden. Diese Moleküle sind ständig in Bewegung, da sie durch die thermische Energie der umgebenden Moleküle kinetische Energie erhalten. Wenn das Parfüm aus der Flasche in den Raum freigesetzt wird, stoßen die Parfümmoleküle mit den vorhandenen Luftmolekülen im Raum zusammen. Diese ständigen Kollisionen führen dazu, dass die Parfümmoleküle ihre Richtung fortwährend ändern und somit eine chaotische und scheinbar zufällige Bewegung entsteht – dies ist die Brownsche Bewegung.

Da die Parfümmoleküle ständig in Bewegung sind und sich in alle Richtungen ausbreiten, diffundieren sie durch den Raum. Dies bedeutet, dass sie sich von Bereichen mit hoher Konzentration hin zu Bereichen mit niedriger Konzentration bewegen, bis ein **Gleichgewicht** erreicht und die Konzentration im gesamten Raum gleichmäßig verteilt ist. Die Bewegungsintensität ist dabei temperaturabhängig. Die Bewegung der Moleküle erfolgt in einer warmen Umgebung mit einer höheren Geschwindigkeit und einer stärkeren Intensität, sodass der Vermischungsprozess deutlich schneller erfolgt als in einer kalten Umgebung.

Die Brownsche Bewegung ist natürlich nicht nur für die Diffusion von Parfüm relevant, sondern spielt eine wichtige Rolle in vielen anderen Bereichen, wie in der Chemie, in der Biologie und in der Physik. In der technischen Trocknung ist die Brownsche Bewegung Grundlage für das Verständnis von Thermodynamik, die sich mit den Beziehungen zwischen Wärme und Kraft sowie mit den durch Wärme hervorgerufenen Erscheinungen befasst, sowie von Diffusion und Osmose (Fluss von Teilchen durch eine teilweise durchlässige Trennschicht). Die Brownsche Bewegung erklärt, wie Wassermoleküle durch die zufällige Bewegung Energie aufnehmen und somit überhaupt Feuchte aus einem Material transportiert werden kann.

2.1.6 hx-Diagramm

In einem hx-Diagramm, auch bekannt als Mollier-hx-Diagramm, können lufttechnische Zustandsgrößen, wie Luftfeuchte, Temperatur, Enthalpie (Wärmeinhalt eines bestimmten Luftzustandes) und spezifische Feuchte (Wasserdampfgehalt der Luft), grafisch dargestellt werden. In der technischen Trocknung wird das hx-Diagramm hauptsächlich verwendet, um den Zustand der Luft und damit den darin enthaltenen Wasserdampf während des Trocknungsprozesses zu analysieren und zu steuern. Das hx-Diagramm hilft auch dabei, das richtige Trocknungsverfahren für verschiedene Baustoffe und räumliche Gegebenheiten auszuwählen, indem die erforderlichen Bedingungen für eine effektive Beseitigung von Feuchte visualisiert und somit analysiert werden können. Zusätzlich kann der Verlauf einer technischen Trocknungsmaßnahme verfolgt, die einwandfreie Funktion der Trocknungsgeräte festgestellt, der Energiebedarf abgeschätzt und die Effizienz der gesamten Trocknungsanlage ggf. optimiert werden.

Aus der Temperatur- und der Luftfeuchteachse im hx-Diagramm ergeben sich die Werte für die absolute Feuchte und den Taupunkt. Die 4 Parameter **Temperatur, relative Feuchte, absolute Feuchte** und **Taupunkt** (Temperaturstufe, bei der die Luft mit Wasserdampf gesättigt ist, also 100 % relative Luftfeuchte erreicht sind) werden in der technischen Trocknung bei Wasser-

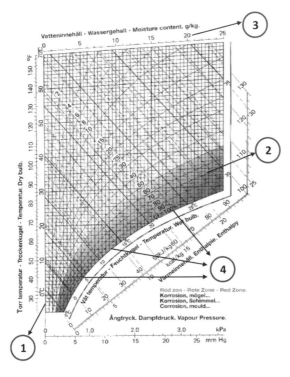

Abb. 2.11: Die 4 wichtigsten Parameter für die technische Trocknung im hx-Diagramm (Quelle: Corroventa Entfeuchtung GmbH, Willich-Müncheide [Diagramm]; U. Lademann [Nrn. und Legende])

(1) Temperatur
(2) relative Feuchte
(3) absolute Feuchte
(4) Taupunkt

schäden am häufigsten benötigt. Wie in Abb. 2.11 zu erkennen ist, lassen sich noch wesentlich mehr Parameter ermitteln, wie z. B. die Enthalpie und die Nebelisotherme (Kühlgrenztemperatur eines Luftzustandes). Auf diese Parameter wird hier jedoch nicht weiter eingegangen, weil sie in der täglichen Bearbeitung und Kontrolle von technischen Trocknungsmaßnahmen in der Wasserschadensanierung keine Anwendung finden.

Die Verwendung des hx-Diagramms ist nach einer kurzen Einweisung und ein wenig Übung nicht so kompliziert, wie es das Erscheinungsbild des Diagramms vermuten lässt. Es werden grundsätzlich **2 Parameter** benötigt, um anschließend die beiden anderen zu ermitteln. Aus dem Schnittpunkt der Temperatur und der relativen Luftfeuchte lässt sich z. B. die absolute Feuchte (tatsächliche Wassermenge) für diese Parameter ermitteln oder auch der dazugehörige Taupunkt. Selbstverständlich kann auch mit 2 anderen Parametern begonnen werden; die Vorgehensweise ist immer die gleiche: 2 Anfangswerte ergeben den dritten und den vierten Wert.

Mit dem hx-Diagramm lassen sich die Zusammenhänge und Abhängigkeiten zwischen Temperatur und Luftfeuchte veranschaulichen. Erhöht sich beispielsweise die Temperatur in einem geschlossenen Raum, hat dies zur Folge, dass die relative Luftfeuchte innerhalb des Raumes sinkt. Davon jedoch unberührt bleiben die absolute Feuchte und der Taupunkt.

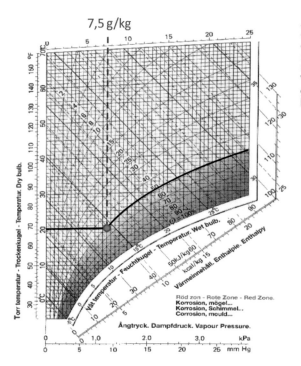

Abb. 2.12: hx-Diagramm der Ausgangssituation einer technischen Trocknung (Quelle: Corroventa Entfeuchtung GmbH, Willich-Münchheide [Diagramm]; U. Lademann [Feuchteermittlung])

Beispiel

In der Ausgangssituation einer technischen Trocknung sind messtechnisch die Werte von 20 °C Raumtemperatur und 50 % relative Raumluftfeuchte ermittelt worden. Daraus ergibt sich eine absolute Feuchte von 7,5 g Wasser pro Kilogramm Luft (Abb. 2.12).

Steigt nun die Raumtemperatur, beispielsweise durch Sonneneinstrahlung oder eine zusätzliche Wärmequelle (z. B. einen Elektroheizlüfter), auf 40 °C, so sinkt die relative Luftfeuchte auf rund 17 %. Die absolute Feuchte ändert sich jedoch nicht. Es sind immer noch 7,5 g Wasser pro Kilogramm Luft (Abb. 2.13).

Wird hingegen die Raumluftfeuchte geändert, beispielsweise durch den Einsatz eines Kondenstrockners, ändert sich auch die absolute Feuchte im Raum. Infolge des Kondensats, das in dem Behälter des Kondenstrockners aufgefangen wird, wird der Raumluft Wasser entzogen. Der absolute Wassergehalt wird somit reduziert (Abb. 2.14). Die Veränderung der Raumlufttemperatur erfolgt in 2 Schritten: In einem ersten Schritt findet eine Abkühlung der Luft um 15 °C statt, im zweiten Schritt eine Erwärmung der Luft auf 25 °C (ΔT gegenüber der Raumluft der Ausgangssituation: +5 °C). Bei nun 25 °C Raumtemperatur und 27 % relativer Raumluftfeuchte ergibt sich eine absolute Feuchte von 5,3 g Wasser pro Kilogramm Luft. Es findet eine Entfeuchtung statt.

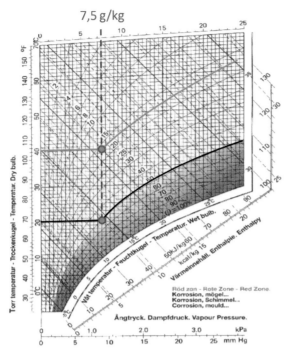

Abb. 2.13: hx-Diagramm bei der durch den Einsatz eines Elektroheizlüfters auf 40 °C gestiegenen Raumtemperatur (Quellen: Corroventa Entfeuchtung GmbH, Willich-Münchheide [Diagramm]; U. Lademann [Feuchteermittlung])

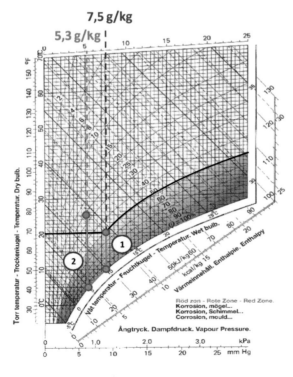

Abb. 2.14: hx-Diagramm (links) bei einer durch den Einsatz eines Kondenstrockners (rechts) erfolgten Raumentfeuchtung (Quellen: Corroventa Entfeuchtung GmbH, Willich-Münchheide [Diagramm links]; ALLEGRA Trocknungstechnik Vertriebs GmbH, Berlin [Abbildung rechts])

(1) Abkühlung der Luft um 15 °C
(2) Erwärmung der Luft auf 25 °C

2.2   Basiswissen Baustoffe

Baustoffe sind Materialien verschiedenster chemischer Zusammensetzung, die für den Bau von Gebäuden bzw. Bauwerken verwendet werden. Baustoffe können sowohl natürlichen Ursprungs, wie Naturstein, Lehm und Holz, als auch industriell gefertigt sein, wie Beton, Metalle, Glas und Kunstharze. Die Wahl des richtigen Baustoffs hängt von verschiedenen Faktoren ab, wie z. B. von der Art des geplanten Bauwerks, der Umgebung, in der es erstellt werden soll, und natürlich auch von ästhetischen Gesichtspunkten. Auch die finanziellen Möglichkeiten der Auftraggeber bestimmen nicht selten die Art und Güte der Baustoffe, mit denen Gebäude errichtet werden sollen. Baustoffe werden durch ihre Eigenschaften, wie z. B. Festigkeit, Haltbarkeit, Wärmeleitfähigkeit und Fähigkeit, Wasser zu transportieren, definiert. Entsprechend dieser Eigenschaften kommen sie im Bau zum Einsatz.

Die wichtigsten bzw. am häufigsten eingesetzten Baustoffe sind

- Beton,
- Ziegel,
- Stahl,
- Glas,
- Kunststoff,
- Naturstein und
- Holz.

2.2.1   Beton

Der Baustoff war als eine Mischung aus Sand, Wasser, gebranntem Kalk und Steinbrocken bereits bei den Römern bekannt und ermöglichte schon in jener Zeit die Errichtung von monumentalen Bauwerken, die zum Teil bis heute standhaft sind, wie z. B. das Kolosseum in Rom. Die heutige Mischung von Beton aus Zement, Wasser, Sand und Kies oder Schotter hat leider nicht mehr diese langlebigen Eigenschaften, weshalb bereits nach einigen Jahren Restaurationsmaßnahmen erforderlich werden können, um den Erhalt von Betonbauteilen zu gewährleisten.

Beton wird heute für Fundamente, Wände und Decken sowie beim Bau von Straßen verwendet (Abb. 2.15). Die Kombination von Beton und Bewehrungsstahl (Stahlbeton) ermöglicht die Konstruktion von Brücken und „Wolkenkratzern".

Beton hat aufgrund seiner hohen Verdichtung einen hohen Diffusionswiderstand, der **Wasser** davon **abhält**, in das Gebäudeinnere einzudringen. Er schützt das Gebäude somit vor Feuchte, ist jedoch **nicht wasserdicht**. Je nach Festigkeitsklasse hält er eindringendes Wasser ab, nimmt allerdings auch Feuchte auf. Es sind daher weitere Maßnahmen für die Abdichtung gegen Wasser notwendig, um das Gebäudeinnere dauerhaft vor Feuchte von außen zu schützen.

Bei dem sog. „wasserundurchlässigen Beton" (WU-Beton), der für Gründungskonstruktionen als „Weiße Wanne" zum Einsatz kommt, handelt es sich nicht um einen Baustoff, sondern vielmehr um eine Bauweise, bei der

Abb. 2.15: Decken- und Wandkonstruktion aus Beton in einer Tiefgarage (Quelle: U. Lademann)

Abb. 2.16: Tonziegelmauer (Quelle: U. Lademann)

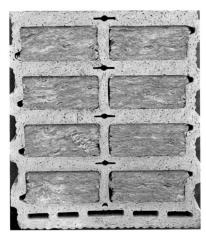

Abb. 2.17: Gedämmte Hochlochziegel – links mit künstlichen Mineralfasern; rechts mit Perlite (Quelle: M. Resch)

die konstruktiven Betonbauteile neben ihrer lastabtragenden auch die abdichtende Funktion gegenüber drückendem Wasser übernehmen.

2.2.2   Ziegel

Ziegel werden aus gebranntem Ton oder Lehm hergestellt und bei der Errichtung von Mauern, Gewölbedecken und Dächern eingesetzt (Abb. 2.16). Auch bei Pflasterungen von Gehwegen und Straßen werden Tonziegel noch heute verwendet.

Die aus Naturmaterial bestehenden Ziegel werden in verschiedenen Varianten verbaut, z. B. als Vollziegel oder Hochlochziegel (mit oder ohne eingeschlossene Dämmstoffe; Abb. 2.17). Dadurch, dass sie bei einer sehr hohen Temperatur gebrannt werden, enthält der Baustoff keine organischen Materialien mehr.

Abb. 2.18: Stahlträger (Quelle: U. Lademann)   **Abb. 2.19:** Glasfensterfassade (Quelle: U. Lademann)

Ziegel können Wärme und Kälte speichern und haben zusätzlich die Fähigkeit, **Feuchte**, die sich in Wohnräumen durch deren Nutzung ansammelt, **aufzunehmen** und wieder **abzugeben**. Damit kann grundsätzlich ein angenehmes und **gesundes Raumklima** erreicht werden.

2.2.3   Stahl

Der Baustoff ist eine Legierung aus Eisen und Kohlenstoff mit den verschiedensten Additiven (Zusätzen), um unterschiedliche Eigenschaften zu erwirken. Stahl ist heute aus modernen Baukonstruktionen nicht mehr wegzudenken.

Für Gebäude werden damit Tragwerke, wie Stützen, Pfeiler, Balken und Rahmen, relativ kostengünstig hergestellt (Abb. 2.18). In Kombination mit Beton kommt Stahl sowohl für Gebäude (Stahlbeton) als auch für Brücken (Spannstahl) zum Einsatz. Für Brückenkonstruktionen findet er auch als alleiniger Baustoff Verwendung.

Stahl ist kalt oder heiß formbar und aufgrund dieser Eigenschaften vielseitig einsetzbar. Er kann allerdings im Zusammenhang mit Feuchte oxidieren und korrodieren, was letztlich zur Zerstörung der unter seiner Verwendung errichteten Konstruktionen führt. Daher ist **Korrosionsschutz** ein Muss für mit Stahl hergestellte Bauten.

2.2.4   Glas

Dieser transparente Baustoff wird hauptsächlich durch das Verschmelzen von Quarzsand, Kalk und Dolomit hergestellt. Glas wird für Fenster und Türen, aber auch für Fassaden und dekorative Elemente im Bau verwendet (Abb. 2.19). Glas ist **wasser-** und **dampfdicht**.

Abb. 2.20: Kunststoffbodenbelag (Quelle: U. Lademann) **Abb. 2.21:** Bodenfliesen aus Naturstein (Quelle: U. Lademann)

2.2.5 Kunststoff

Kunststoff ist ein günstiger und vor allem vielseitiger Baustoff, der von dem natürlichen Aussehen des Natursteins kaum noch zu unterscheiden ist. Kunststoff wird u. a. für die Herstellung von Bodenbelägen (Abb. 2.20), Dämmstoffen und Dachbedeckungen sowie für Rohrisolierungen, Wasserleitungen und als Zusatz in Bodenkonstruktionen verwendet.

Der Baustoff ist **wasser-** und **luftdicht** und gilt als witterungsbeständig und frostsicher. Auch Kunststoff ist aus der Bauindustrie nicht mehr wegzudenken, wird aber zum Problem, wenn er als Abfall in der Umwelt landet. Die Kunststoffindustrie versucht deshalb seit Jahren, durch Innovationen nachhaltiger zu werden und damit diesem Problem zu begegnen.

2.2.6 Naturstein

Zu diesem natürlichen Baustoff gehören z. B. Granit, Sandstein und Marmor. Verwendet wird Naturstein heutzutage hauptsächlich zur Belegung von hochwertigen Fußböden (Abb. 2.21), zur Verkleidung von Fassaden und zur Herstellung von Fensterbänken und Arbeitsplatten. Früher wurden damit ganze Bauwerke errichtet, was in der heutigen Zeit allerdings sehr kostspielig ist.

Naturstein ist **nicht wasserdicht**. Durch die Kapillare der porösen Steine kann Wasser wandern (siehe Kapitel 2.1.4). Bei diesem Prozess können Verfärbungen, Flecken und Salzausblühungen entstehen. Deshalb ist beispielsweise Marmor für die Verlegung im Außenbereich eher nicht geeignet.

Abb. 2.22: Holzbalken-
deckenkonstruktion
(Quelle: U. Lademann)

2.2.7   Holz

Abgesehen von Naturstein ist Holz wohl der älteste Baustoff von allen. Dieser natürliche und nachhaltige Baustoff wird für die Errichtung von kompletten Gebäuden verwendet (Fachwerkhäuser, alte und moderne Holzhäuser und Häuser in Fertigbauweise), ist aber auch für die Konstruktion einzelner Bauteile (Fenster, Türen oder Dachziegel) hervorragend geeignet (Abb. 2.22).

Holz ist sehr leicht zu bearbeiten und kann in alle möglichen Formen gebracht werden, weshalb es auch zu dekorativen Zwecken im Hausbau zum Einsatz kommt. Holz hat hervorragende Dämmeigenschaften und ist ein nachwachsender Rohstoff. Durch seine **feuchteregulierenden** Eigenschaften ermöglicht Holz ein natürliches und **gesundes Wohnklima**. Es hat zudem eine sehr lange Lebensdauer. Angesichts des Klimawandels und eines entsprechenden Umdenkens in der Architektur und dem Haus- und Wohnungsbau erfreut sich der Baustoff Holz heute wieder größerer Beliebtheit.

2.3   Basiswissen Baukonstruktionen

Baukonstruktionen bilden das Gerüst eines Gebäudes und dienen dazu, strukturelle Stabilität, Tragfähigkeit und Sicherheit zu gewährleisten.

Die wichtigsten Baukonstruktionen sind:

- Fundament und Tragwerk,
- Estriche und Bodenkonstruktionen,
- Außen- und Innenwände sowie
- Decken- und Dachkonstruktionen.

Das **Fundament** bezeichnet im Bauwesen einen Teil der allgemeinen Gründung. Es bildet die Basis eines Gebäudes, im Grunde den wichtigsten Teil, denn es trägt das gesamte Gewicht des Baukörpers und dessen Struktur sowie alle bei der Gebäudenutzung entstehenden Gewichte durch Gegenstände, Möbel und Bewohnende des Gebäudes. Fundamente können z. B. aus Beton, Stein oder Stahlkonstruktionen bestehen.

Das **Tragwerk** umfasst die tragenden Elemente eines Gebäudes, wie Fundamente, Außen- und Innenwände, Decken, Balken, Stützen und Bögen. Es bildet das statische Gesamtsystem eines Bauwerkes und dient der Aufnahme und Verteilung der „angreifenden" Lasten.

Estriche sind ein Gemisch aus Sand, Wasser und Bindemittel und werden auf dem Rohboden eines Gebäudes verlegt. Sie bilden eine ebene und tragfähige Oberfläche für Bodenbeläge, wie Fliesen, Teppiche, Parkett oder Holzdielen. Estriche werden verlegt, um Unebenheiten auszugleichen, den Boden zu stabilisieren und Wärme- sowie Trittschalldämmeigenschaften zu verbessern.

Bodenkonstruktionen, z. B. Doppel- und Hohlraumböden, bilden mit tragenden Rohdecken und Unterdecken bzw. Deckenbekleidungen eine Konstruktionseinheit, die statisch-konstruktive, brandschutztechnische, bauphysikalische und gestalterische Anforderungen erfüllt.

Außenwände bilden die äußere Hülle eines Gebäudes und dienen dem Schutz vor Witterungseinflüssen. Sie können z. B. aus Ziegel, Beton, Stahl oder Holz bestehen und werden ggf. um ein Wärmedämm-Verbundsystem (WDVS) ergänzt.

Innenwände trennen die Innenräume eines Gebäudes voneinander und tragen dazu bei, die Struktur zu stabilisieren (tragende Innenwände) sowie Lärm zu reduzieren. Sie können aus verschiedenen Baustoffen hergestellt werden, wie z. B. Ziegel, Gipskarton, Holz, Holzverbundwerkstoff oder Beton.

Deckenkonstruktionen bilden die obere Abschlussfläche eines Raumes. Als Baustoffe werden in der Regel Holz, Stahl oder Beton eingesetzt.

Dachkonstruktionen bilden den oberen Abschluss eines Gebäudes und schützen es vor Witterungseinflüssen. Dachkonstruktionen können aus verschiedenen Baustoffen bestehen, wie Holz, Stahl oder Beton, und verschiedene Formen haben, wie Satteldach, Flachdach oder Walmdach.

2.3.1 Estriche

Estriche werden entsprechend der Normenreihe DIN 18560 „Estriche im Bauwesen" (2006–2022) nach der Konstruktionsart, der Ausführung und den Anforderungen, die Estriche erfüllen sollen, unterschieden. Es gibt grundsätzlich 3 verschiedene Arten von Estrichkonstruktionen: Verbundestriche, Estriche auf Trennlage und schwimmende Estriche. Trockenestriche stellen eine Sonderkonstruktion dar. Beim Einbau wird zwischen konventionellem Estrich und Fließestrich unterschieden.

Unterschieden werden Estriche auch durch die Zusammensetzung der Baustoffe, aus denen sie gefertigt werden. Dabei nehmen Bindemittel nicht nur für die Herstellung und das Austrocknen von Estrichen, sondern auch bei Wasserschäden eine ausschlaggebende Rolle ein. Die Anforderungen und Bedingungen des Bauprojekts bestimmen gleichzeitig die Materialverwendung und die Art des Estrichs.

Abb. 2.23: Zementestrich (Quelle: M. Resch)

Abb. 2.24: Zementestrich mit farbigem Bindemittel (Quelle: M. Resch)

2.3.1.1 Estrichbaustoffzusammensetzungen

Zementestrich (CT)

Zementestrich (Abb. 2.23 und 2.24) bindet hydraulisch ab, d. h., dass ein Zementkorn, wenn es mit Wasser und Sand gemischt wird, Zementleim bildet, der die einzelnen Bestandteile miteinander verklebt. Der Abbindeprozess ist nach 7 bis 10 Tagen so weit abgeschlossen, dass der Estrich begehbar ist. Während dieser Zeit darf der Estrich keiner Zugluft ausgesetzt werden und die Umgebungstemperatur darf nach DIN 18560-1 „Estriche im Bauwesen – Teil 1: Allgemeine Anforderungen, Prüfung und Ausführung" (2021) 5 °C nicht unterschreiten. Der Estrich darf in dieser Zeit auch nicht zugestellt werden.

Je nach Einbaudicke kann der Estrich nach 4 bis 8 Wochen (bei einer Dicke zwischen 4 und 6 cm) belegt werden (Belegreife). Vollständig abgebunden und ausgetrocknet ist er dann jedoch noch nicht. Die Ausgleichsfeuchte erreicht ein Zementestrich erst nach Jahren. Nützliche Informationen für Auftraggeber über die Zeit nach dem Einbringen von Zementestrichen liefert das BEB-Merkblatt 6.3 „Hinweise für den Auftraggeber für die Zeit nach der Verlegung von Zementestrichen auf Trenn- und/oder Dämmschichten" (2017).

Die **Belegreife** wird laut ATV DIN 18353 „Estricharbeiten" (2023) durch eine Feuchtemessung im Estrich bestimmt (CM-Verfahren, siehe Kapitel 3.1.4.1). Diese Belegreifeprüfung ist verpflichtend für das bodenlegende Nachfolgegewerk. Bestimmt das bodenlegende Gewerk mithilfe des CM-Verfahrens die noch vorhandene Restfeuchte im Estrich mit ≤ 2,0 CM-% (unbeheizt) bzw. ≤ 1,8 CM-% (beheizt), so kann grundsätzlich von der Belegreife ausgegangen, der Belag also verarbeitet bzw. verlegt werden.

Praxistipp

Je nach Bodenbelag und Art des Estrichs können die Vorgabewerte für die Belegreife unterschiedlich sein. Letztendlich ist das bodenlegende Gewerk in der Verpflichtung, die maßgeblichen Werte für den jeweiligen Belag und Estrich zu ermitteln und entsprechend den Vorgaben zu handeln.

Kommt es infolge eines Wasserschadens dazu, dass der Estrich abermals nass wird, beginnt der Abbindeprozess erneut, da noch Abbindemittel und Sand zur Verfügung stehen. Dem Estrich schaden das Wasser und der neue Austrocknungsprozess nicht. Im Gegenteil, der Zementestrich wird dadurch noch härter. Diese Eigenschaften des Zementestrichs erlauben es, dass er in Bereichen eingebaut werden kann, wo mit einem erhöhten Feuchteaufkommen gerechnet werden muss, wie z. B. in Feuchträumen, Kellern, Garagen oder Außenbereichen.

Calciumsulfatestrich (CA)

Konventioneller Calciumsulfatestrich besteht aus den Komponenten Anhydrit, Kies oder Sand und Wasser. Die Verarbeitung ist derjenigen eines Zementestrichs ähnlich. Die Abbindung erfolgt durch Kristallisation, d. h., dass sich beim Abbinden (Gips-)Kristalle bilden. Diese geben dem Estrich seine Festigkeit. Durch Zugabe von Kunstharzen kann seine Festigkeit noch erhöht werden.

Ein Teil des Anmachwassers wird für den Abbindeprozess benötigt, der größte Teil jedoch wird an die Umgebungsluft abgegeben. Dadurch hat der Calciumsulfatestrich einen zeitlichen Vorteil gegenüber dem Zementestrich. Er ist nach ca. 3 Tagen begehbar und nach **ca. 28 Tagen voll belastbar**. Diese Angaben variieren jedoch mit den baulichen Gegebenheiten (Temperatur und Feuchte). Eine unterstützende technische Trocknung kann bereits nach 3 Tagen eingeleitet werden.

Ein Calciumsulfatestrich hat aufgrund seiner chemischen Zusammensetzung und seiner fließfähigen Konsistenz die Eigenschaft, sich selbstnivellierend zu verhalten. Das bedeutet, dass er dazu neigt, sich gleichmäßig zu verteilen und dabei Unebenheiten auszugleichen (Fließestrich). Diese Eigenschaft führt automatisch zu einer ebenen Oberfläche, die nicht dazu tendiert, sich zu verziehen oder gar zu schüsseln. Ein Calciumsulfatestrich hat zudem weitere Vorteile, wie Spannungsarmut, Formbeständigkeit und ein sehr geringes Schwindmaß. Daher können mit ihm große Flächen fugenlos erstellt werden und er benötigt keine Bewehrung.

Abb. 2.25: Calciumsulfatestrich – konventionell eingebaut (Quelle: M. Resch)

Abb. 2.26: Calciumsulfatestrich – Fließestrich (Quelle: M. Resch)

Calciumsulfatestrich wird auf 2 Arten eingebaut: Beim **konventionellen Einbau** (Abb. 2.25) wird der Estrich über eine Estrichpumpe erdfeucht in den Bau gefördert, dort manuell verteilt und geglättet.

Beim **Fließestrich** (modernere Methode) wird in der Regel der fertige Estrich im Silo oder Silowagen auf die Baustelle geliefert und in nahezu flüssiger Form in den Bau gepumpt. Nur dann nivelliert sich der Calciumsulfatestrich selbst und muss deshalb nicht nachträglich abgezogen bzw. geglättet werden (Abb. 2.26).

Calciumsulfatestrich ist im Gegensatz zu Zementestrich feuchtempfindlich. Sobald der Estrich erneut nass wird, fängt er an zu quellen und dehnt sich zum Teil aus. Dies kann zu massiven Bauschäden führen; ganze Wände können durch einen quellenden Estrich verschoben werden. Auch muss Calciumsulfatestrich vor Temperaturen unterhalb von 5 °C geschützt werden.

Gussasphaltestrich (AS)

Gussasphaltestrich (Abb. 2.27) besteht hauptsächlich aus Gesteinskörnungen, Bitumen und Füllstoffen wie Kalksteinmehl oder anderen mineralischen Füllstoffen. Gussasphalt wird auf etwa 220 bis 250 °C erhitzt, bis er eine flüssige Konsistenz erreicht, auf die vorbereitete Fläche aufgebracht und gleichmäßig verteilt. Nach dem Auftragen kühlt der Gussasphaltestrich schnell ab und härtet aus, dabei erreicht er bereits seine Endfestigkeit. Somit hat er nach dem **Abkühlen sofort Belegreife**.

Gussasphaltestrich ist langlebig, wasserundurchlässig und leitet sehr gut Wärme ab. Er wird in Wohn- und Gewerbegebäuden besonders in Bereichen verwendet, die schnell wieder nutzbar sein müssen, wo hohe mechanische Belastungen auftreten (Fabriken und Werkstätten) und – aufgrund seiner Wasserundurchlässigkeit – in Badezimmern, Küchen und anderen feuchten Umgebungen. Wegen seiner elastischen Eigenschaften ist Gussasphaltestrich auch in Turnhallen zu finden.

Abb. 2.27: Gussasphaltestrich (Quelle: M. Resch)

Abb. 2.28: Epoxydharzestrich (Quelle: M. Resch)

Die Kosten der Einbringung sind um ein Vielfaches höher als bei Zementestrichen, was jedoch im Hinblick auf die lange Lebensdauer trotzdem vertretbar bleibt. Als Trittschalldämmung werden in Kombination mit einem Gussasphaltestrich nur hitzebeständige Dämmstoffe, wie Mineralwolle, Perlite, Kokosmatten und Sand, verbaut.

Praxistipp

Gussasphaltestrich ist ein Thermoplast, d. h., er kann sich bei Wärme verformen. Bei der technischen Trocknung ist deshalb darauf zu achten, dass nur im Unterdruck- bzw. Schiebe-Zug-Verfahren (siehe Kapitel 5.2.2 und 5.2.4) getrocknet wird. Denn bei Anwendung des Überdruckverfahrens (siehe Kapitel 5.2.1) sind irreversible Verformungen möglich.

Kunstharzestrich (SR)

Kunstharzestrich (Abb. 2.28) wird mit einem Kunstharz als Bindemittel hergestellt. Gängige Kunstharze hierfür sind Epoxidharz, Polyurethanharz und Methylmethacrylatharz. Bei der Herstellung werden Quarzsand, Kies oder andere mineralische Füllstoffe beigemischt, um die mechanischen Eigenschaften und die Struktur des Estrichs zu verbessern. Weiterhin werden Härter und Zusatzstoffe hinzugefügt, um die Aushärtung zu beschleunigen und spezifische Eigenschaften, wie chemische Beständigkeit oder Rutschfestigkeit, zu erzielen.

Kunstharzestrich zeichnet sich durch eine besondere Belastbarkeit, Widerstandsfähigkeit und durch vielseitige Anwendungsmöglichkeiten aus. Er ist **wasserbeständig** und bedarf keiner technischen Trocknungsmaßnahme.

Abb. 2.29: Magnesiaestrich (Quelle: M. Resch)

Magnesiaestrich (MA)

Magnesiaestrich (Abb. 2.29) oder auch Steinholzestrich wird aus Magnesiabinder (Magnesiumoxid, auch Magnesia oder Sorelzement) und verschiedenen Füllstoffen, wie Holz-Sägemehl oder andere organische Materialien, hergestellt. Er wurde bereits vor über einem Jahrhundert eingesetzt.

Durch die Verwendung von Holz-Sägemehl oder anderen organischen Materialien als Füllstoff ist Magnesiaestrich elastischer und flexibler als viele andere Estriche. Diese organischen Füllstoffe verleihen dem Estrich auch gute Dämmeigenschaften. Magnesiaestrich ist leichter als Zementestrich, was in bestimmten Bauanwendungen von Vorteil sein kann. Er hat eine gute Beständigkeit gegenüber Temperaturschwankungen.

Magnesiaestrich ist sehr **empfindlich gegenüber Feuchte** und sollte daher nicht in feuchten oder nassen Umgebungen verwendet werden. Feuchte kann die Struktur und Festigkeit des Estrichs beeinträchtigen. Eine technische Trocknung nach einem Wasserschaden ist in den meisten Fällen nicht mehr möglich, da der Estrich schnell anfängt zu quellen und damit zerstört ist. Ein Ausbau des Estrichs ist dann nicht mehr vermeidbar. Magnesiaestriche werden heutzutage nur noch sehr selten eingebaut.

2.3.1.2 Estrichkonstruktion: Verbundestrich

Der Verbundestrich ist ein Estrich, der direkt auf einen tragenden und mit einem Haftmittel vorbereiteten Untergrund aufgebracht und fest mit diesem verbunden ist (Abb. 2.30). Er bietet eine besonders hohe Tragfähigkeit und wird häufig in Bereichen eingesetzt, in denen hohe Belastungen auftreten, z. B. in Produktionsstätten und Lagerhallen. In Kellern, in denen keine zusätzliche Wärmedämmung erforderlich ist, wird ebenfalls oft ein Verbundestrich verwendet.

2.3.1.3 Estrichkonstruktion: Estrich auf Trennlage

Der Estrich auf Trennlage ist ein Estrich, der – statt direkt auf dem Untergrund wie der Verbundestrich – auf einer Trennlage verlegt wird (Abb. 2.31). Laut DIN 18560-4 „Estriche im Bauwesen – Teil 4: Estriche auf Trenn-

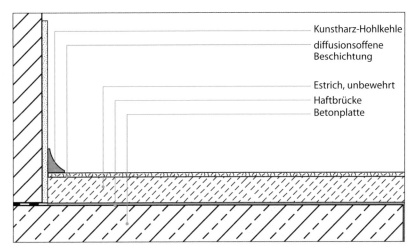

Abb. 2.30: Verbundestrich (Quelle: FUSSBODEN ATLAS®, 2000, Bd. 2, S. 569)

Kunstharz-Hohlkehle
diffusionsoffene Beschichtung

Estrich, unbewehrt
Haftbrücke
Betonplatte

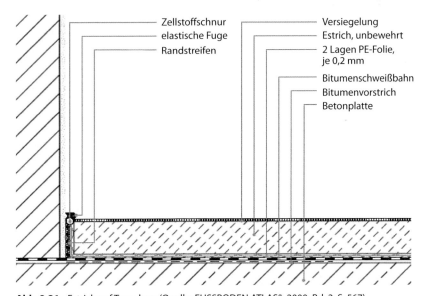

Zellstoffschnur
elastische Fuge
Randstreifen

Versiegelung
Estrich, unbewehrt
2 Lagen PE-Folie, je 0,2 mm

Bitumenschweißbahn
Bitumenvorstrich
Betonplatte

Abb. 2.31: Estrich auf Trennlage (Quelle: FUSSBODEN ATLAS®, 2000, Bd. 2, S. 567)

schicht" (2012) ist die Trennlage bei dieser Konstruktion vorgeschrieben und der Estrich ist vom Baukörper durch Randdämmstreifen zu entkoppeln.

Als Trennlage sind früher hauptsächlich Bitumenpapier und andere wasserabweisende Materialien eingesetzt worden. In Gebäuden der moderneren Bauart besteht die Trennlage überwiegend aus Kunststoff (Polyethylenfolie [PE-Folie], zweilagig, je 0,2 mm Dicke). Die Trennlage verhindert zum einen, dass Feuchte aus dem Untergrund in den Estrich eindringen kann, und zum anderen wird durch die Entkopplung vom Untergrund das Risiko von Rissen, die durch Bewegung (thermische Ausdehnung) entstehen, minimiert.

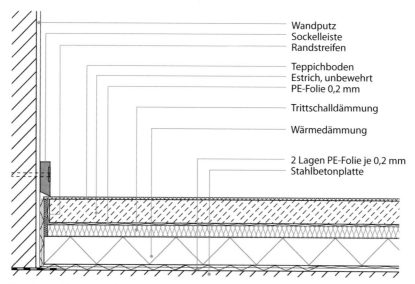

Abb. 2.32: Schwimmender Estrich (Quelle: FUSSBODEN ATLAS®, 2000, Bd. 2, S. 566)

2.3.1.4 Estrichkonstruktion: schwimmender Estrich

Der schwimmende Estrich oder auch Estrich auf Dämmschicht gehört im modernen Wohnungsbau zum Standard. Er dient der Verbesserung der Wärme- und Trittschalldämmung. Wie der Estrich auf Trennlage ist auch der schwimmende Estrich nicht direkt mit dem darunter liegenden Boden verbunden, sondern auf einer **Dämmschicht** „schwimmend" verlegt (Abb. 2.32). Diese Art der Verlegung bietet mehrere Vorteile. Neben der Tritt-schall- und Wärmedämmung werden durch die Art der Konstruktion Riss-bildungen vermieden und Möglichkeiten geschaffen, Leitungen (Elektro-, Wasser- oder Kommunikationsleitungen) so zu verbauen, dass diese für die Bewohnenden nicht mehr sichtbar sind.

Um den steigenden Anforderungen des Gebäudeenergiegesetzes gerecht zu werden, nehmen die **Aufbaudicken** der Wärmedämmung unter dem Est-rich jedoch immer mehr zu. So sind Gesamtaufbauhöhen von 15 bis 20 cm keine Seltenheit mehr. Dies stellt hohe Anforderungen an die technische Trocknung nach einem Wasserschaden. Oft sind z. B. 2 Dämmschichtpakete zu trocknen, was je nach Konstruktion und Beschaffenheit der Dämmstoffe nur nacheinander durchgeführt werden kann. Ein wichtiger Bestandteil der technischen Trocknung eines schwimmenden Estrichs ist demnach das vollumfängliche Wissen über Art des Estrichs und dessen Konstruktion in Bezug auf Dämmstoffe, verlegte Leitungen und Trennlagen, um lange oder gar erfolglose Trocknungseinsätze zu vermeiden.

Die Dämmschicht unter dem schwimmend verlegten Estrich kann aus den verschiedensten **Dämmstoffen** bestehen, wie z. B. Polystyrol, Mineralwolle oder Schaumglas. Der verwendete Dämmstoff und die Dicke der Dämm-schicht werden den spezifischen Anforderungen des Neubaus angepasst. Der Aufbau einer Dämmschicht hat einen entscheidenden Einfluss auf die

Abb. 2.33: Versorgungs-leitungen auf der Rohbe-tondecke ohne und mit Wärmedämmung (Quelle: FUSSBODEN ATLAS®, 2000)

technische Trocknung nach einem Wasserschaden. Die Abb. 2.33 zeigt auf, wie es unter einem Estrich aussehen kann, wenn die Installationsarbeiten abgeschlossen sind und das Estrichlegergewerk versucht hat, den Dämm-stoff zu verlegen. Bei nicht vollständig von dem Dämmstoff umschlossenen Leitungen ergeben sich „Kanäle" in der Dämmschicht, durch die dann Tro-ckenluft leichter strömen kann. Die gleichmäßige Verteilung mit Trockenluft ist gefährdet und ein ausreichender Unterdruck nicht herstellbar. Letztlich bleiben dann Teile der Dämmschicht feucht, was zu Spätschäden führen kann.

Schwimmende Estriche unterscheiden sich in beheizte und unbeheizte Est-riche. Je nachdem, wie die Heizelemente verbaut wurden, werden beheizte Estriche (Heizestriche) in die Bauart A, B oder C eingeteilt.

Bauart A

Bei dieser Bauart sind die Heizleitungen **in den Estrich** eingebettet (Abb. 2.34). Die Leitungen werden vor dem Vergießen des Estrichs auf der Ober-fläche der Dämmschicht mit Klammern verankert, um sie vor dem Verrut-schen zu schützen.

Praxistipp

Im Zuge einer technischen Trocknung ist beim Bohren der Kernlochboh-rungen und Entlastungsöffnungen (siehe Kapitel 5.3) in Vorbereitung einer Estrichdämmschichttrocknung äußerste Vorsicht geboten, denn die Verankerungen der Heizleitungen können sich beim Vergießen des Estrichs lösen, sodass die Leitungen doch verrutschen, bevor der Estrich ausgehärtet ist. Daher ist es nicht selten möglich, dass die Leitungen auch im oberen Teil der Estrichschicht liegen und somit das Risiko einer Beschädigung erheblich erhöht ist.

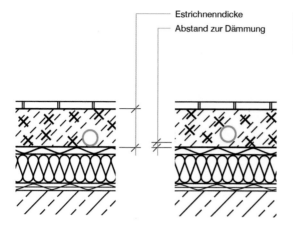

Estrichnenndicke

Abstand zur Dämmung

Abb. 2.34: Heizestrich Bauart A (Quelle: FUSSBO-DEN ATLAS®, 2000, Bd. 2, S. 585)

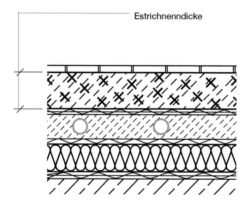

Estrichnenndicke

Abb. 2.35: Heizestrich Bauart B (Quelle: FUSSBO-DEN ATLAS®, 2000, Bd. 2, S. 585)

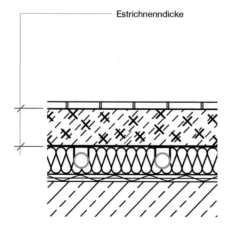

Estrichnenndicke

Abb. 2.36: Heizestrich Bauart C (Quelle: FUSSBO-DEN ATLAS®, 2000, Bd. 2, S. 586)

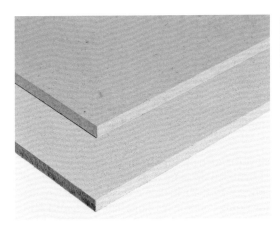

Abb. 2.37: Trockenestriche-lement mit Stufenfalz und Dämmschicht (Quelle: James Hardie Europe GmbH, Düsseldorf)

Bauart B

Die Heizleitungen liegen bei dieser Bauart **unter dem Estrich** im oberen Bereich der Dämmschicht (Abb. 2.35). Für eine gezielte Wärmeabgabe an den Estrich können beispielsweise Wärmeleitbleche verbaut sein, die eine technische Trocknung insofern erschweren, als sie zum einen die Lokalisierung der Leitungen durch Thermografie nahezu ausschließen und zum anderen für das Erreichen der Bodenplatte durchstoßen werden müssen.

> **Praxistipp**
>
> Bei der technischen Trocknung können Leitungen durch mechanische Einwirkung beschädigt werden, da sie, wenn Wärmeleitbleche verlegt wurden, nicht mittels Thermografie lokalisiert werden können. Auch bei dieser Bauart ist daher äußerste Vorsicht geboten.

Bauart C

Die Heizleitungen liegen bei dieser Bauart **in einem Ausgleichestrich**, der von dem eigentlichen Estrich durch eine zweilagige Trennlage getrennt ist (Abb. 2.36). Der Ausgleichestrich ist mindestens 20 mm dicker als der Durchmesser der Heizleitungen. Hier ist also mit einer besonders großen Aufbauhöhe zu rechnen.

2.3.1.5 Sonderkonstruktion: Trockenestrich

Ein Trockenestrich besteht aus industriell vorgefertigten Platten, die trocken auf den Untergrund verbaut werden (Abb. 2.37). Diese Konstruktion ist **nicht** in der Normenreihe DIN 18560 **genormt**. Die Ausführung richtet sich nach den produktspezifischen Verarbeitungsregeln der Hersteller. Die Einzelelemente sind in der Regel im Randbereich mit einer Stufenfalz ausgestattet, damit bei der Verklebung der Elemente untereinander im Stoßbereich eine stabile Verbindung entsteht.

2.3.2 Doppel- und Hohlraumböden

Doppelböden

Doppelböden finden überwiegend im Industriebau Verwendung. Bei dieser Bodenart werden auf den tragenden Untergrund Doppelbodenstützfüße gestellt, die sich in der Höhe anpassen lassen. Darauf kommt in der Regel eine Doppelbodenplatte, die als Fertigteil geliefert wird. In dem Hohlraum lassen sich nun alle Versorgungsleitungen verlegen. In seltenen Fällen wird auch eine Dämmung verbaut.

Stromleitungen und eventuell vorhandene Dämmstoffe sind bei einer technischen Trocknung zu berücksichtigen. In manchen Fällen ist ein Rückbau der gesamten Bodenkonstruktion erforderlich, da die verbauten Materialien und Leitungen durch die Einwirkung von Wasser dauerhaft geschädigt sein können. In jedem Fall ist eine genaue Untersuchung der Gegebenheiten vor Ort zwingend erforderlich.

Hohlraumböden

Hohlraumböden sind heutzutage nur noch in alten Objekten zu finden, da ihre Herstellung sehr aufwendig ist. Auf den tragenden Untergrund werden hohle, in der Höhe verstellbare Füße verteilt, die anschließend mit Estrichmörtel gefüllt werden. Auf die Füße werden dann Gipskartonplatten als verlorene Schalung verlegt und auf diese wird wiederum der Estrich gegossen. Auch bei dieser Konstruktion wird der Hohlraum zum Verlegen von Versorgungsleitungen genutzt.

Grundsätzlich sind Hohlraumböden relativ leicht zu trocknen. Die Möglichkeit einer verbauten Dämmung oder einer vorhandenen Ansammlung von verunreinigten Stäuben erfordert jedoch auch bei diesen Böden eine genaue Schadenanalyse und Gefährdungsbeurteilung, bevor mit Trocknungsmaßnahmen begonnen werden kann. In manchen Fällen ist auch hier ein Rückbau erforderlich.

2.3.3 Wandkonstruktionen

Wandkonstruktionen umfassen sowohl Innen- und Außenwände als auch tragende und nicht tragende Wände werden in der Art ihrer Herstellung und in ihren gebäudespezifischen Eigenschaften unterschieden. Wände eines Gebäudes können in Massiv- oder Leichtbauweise erstellt werden. Als Wandbaustoffe kommen etliche Materialien zum Einsatz, z. B. Beton, Kalksandstein, Ziegel, aber auch Holz, Glas, Gipskarton und Metall, um nur einige zu nennen. Die Baustoffe reagieren unterschiedlich auf Wasser und müssen bei einer technischen Trocknung genauestens erkannt werden, um lange Trocknungszeiten zu vermeiden und die Gebäudesubstanz nicht noch mehr zu schädigen.

Innenwände

Innenwände trennen im Inneren eines Gebäudes die einzelnen Räume voneinander und übernehmen konstruktive Funktionen, wenn sie tragend sind. Weiterhin besitzen sie physikalische Eigenschaften, wie die Speicher- und Leitfähigkeit von Wärme und Feuchte. Sie sind auch Bestandteil des Brand- und Schallschutzes eines Gebäudes.

Innenwände können massiv oder auch in Leichtbauweise konstruiert sein. Bei der **Leichtbauweise** ist die Einwirkung von Wasser und Wasserdampf besonders zu beachten, da Hohlräume in der Regel mit Dämmstoffen gefüllt werden und die verbauten Materialien viel Wasser aufnehmen können sowie teilweise stark zu Schimmelpilzbefall neigen.

Außenwände

Außenwände umschließen ein Gebäude und sind daher Bestandteil der Gebäudeaußenhülle. Sie sichern die strukturelle Stabilität, weil sie hauptsächlich tragende Elemente der Konstruktion sind. Außenwände sichern zudem das Gebäude gegen Witterungseinflüsse, bieten thermischen Schutz und reduzieren den Lärm von außen.

Auch Außenwände können sowohl in Massiv- als auch in Leichtbauweise erstellt werden. Die Gefahren von beachtlichen Folgeschäden bei einer Durchfeuchtung sind im Fall der **Leichtbauweise** (Beispiel: Fertighaus) um ein Vielfaches höher als bei massiv gebauten Wänden. Um die Wärme- und Schalldämmung und die Energieeffizienz eines Gebäudes zu erhöhen, werden Außenwände oft mehrschalig erstellt. Dabei wird eine zweite Schale vor die eigentliche Außenwand gebaut. Diese zweite Schale trägt neben der Verbesserung der bauphysikalischen Eigenschaften auch zur Optik des Gebäudes bei. Sie kann mit und ohne Luftschicht erstellt werden, wobei eine Luftschicht größtenteils mit Dämmstoffen verfüllt wird.

Mehrschalige Außenwände mit Luftschichten und Wärmedämmstoffen können erhebliche Mengen an Wasser speichern, wenn die Schlagregensicherheit der Fassade, z. B. aus Altersgründen, nicht mehr gegeben ist oder wenn Wasserschäden durch Flut oder Rohrbruch die Fassadendämmung durchnässen. In diesen Fällen ist nicht selten eine zusätzliche technische Trocknung der Fassadendämmung notwendig.

Haustrennwände

Haustrennwände dienen als besondere Form der Außenwand in erster Linie dem Brand- und Schallschutz, aber auch dem Wärmeschutz zum Nachbargebäude. Sie sind vorwiegend Bestandteil der tragenden Konstruktion und unterliegen besonderen Anforderungen.

Trennwände zwischen Mehrfamilien- oder Reihenhäusern sowie Doppelhaushälften werden heute meist zweischalig ausgeführt und mit einer **Dämmschicht** zwischen den einzelnen Mauern erstellt. Bei diesen Konstruktionen ist es äußerst schwierig, eingedrungene Nässe technisch wieder auszutrocknen. In vielen Fällen bedarf es daher einer zusätzlichen Belüftung der Dämmung innerhalb der Schalung.

Abb. 2.38: Betonmassiv-decke (Quelle: U. Lade-mann)

Kommunwände

Als Kommunwände werden sowohl innen liegende Trennwände eines Ge-bäudes bezeichnet, die 2 Nutzungseinheiten voneinander trennen, als auch Haustrennwände zwischen Mehrfamilienhäusern, Doppelhaushälften und Reihenhäusern. Kommunwände können einschalig oder zweischalig erstellt werden.

2.3.4   Deckenkonstruktionen

Deckenkonstruktionen als Bauelemente in Gebäuden trennen die verschie-denen Stockwerke voneinander und tragen gleichzeitig enorme Lasten. Bei der Planung von Geschossdecken spielt die Statik eine entscheidende Rolle. Aber auch die Schall- und Wärmedämmung sowie der Brandschutz durch Deckenkonstruktionen sind wichtige Komponenten, die für ein funktionie-rendes Gebäude essenziell sind.

2.3.4.1 Massivdecken

Massivdecken aus Beton sind die Deckenkonstruktionen, die spätestens seit der Nachkriegszeit in Gebäuden am häufigsten verbaut wurden (Abb. 2.38). Sie sind heute Standard in der Bauindustrie und werden in Stahlbeton- und Spannbetondecken unterschieden.

Stahlbetondecken werden vor Ort gegossen oder als vorgefertigte Elemente auf die Baustelle geliefert. Sie können große Lasten tragen und kommen daher oft in mehrstöckigen Wohn- und Geschäftsgebäuden vor. Stahlbe-tondecken können in den verschiedensten Formen und Größen konstruiert werden, was den Planern ein hohes Maß an Kreativität ermöglicht.

Abb. 2.39: Decken-element aus Leicht-beton mit Hohlräu-men (Quelle: FRANZ OBERNDORFER GmbH & Co KG, Gunskirchen Öster-reich)

Spannbetondecken werden durch eine Vorspannung verstärkt. Dadurch wird die Tragfähigkeit und die Spannweite der Decken erhöht. Sie werden als Fertigelemente verbaut oder auch vor Ort gefertigt. Spannbetondecken werden überall dort verbaut, wo große Räume geplant sind (z. B. in Bürogebäuden) oder hohe Spannweiten erforderlich sind (z. B. im Brückenbau, in Lagerhallen und Parkhäusern).

2.3.4.2 Leichtbeton- und Hohlkörperdecken

Leichtbetondecken werden aus Betonmischungen mit speziellen Zuschlägen hergestellt, die das Gewicht reduzieren. Zu den gängigsten Zuschlagstoffen zählen Blähbeton, Blähton, Blähglas und Kügelchen aus Schaumpolystyrol. Dadurch wird eine geringere Dichte als bei Massivbeton und damit ein geringeres Gesamtgewicht der Konstruktion erreicht. Als zusätzliche Effekte sind gleichzeitig eine Wärmedämmung und eine Schallisolierung zu verzeichnen.

Leichtbeton wird z. B. in der Gebäudesanierung verwendet, da die Bestandsstruktur so nicht zusätzlich belastet wird. Auch wegen Gewichtsvorteilen wird Leichtbeton ebenfalls für Dachkonstruktionen eingesetzt.

Bei **Hohlkörperdecken** geht es neben der Gewichtsreduktion der Konstruktion in erster Linie darum, weniger Material einzusetzen, ohne die Tragfähigkeit der Decke wesentlich zu beeinträchtigen (Abb. 2.39). Durch diese Art der Deckenkonstruktion kann zudem eine größere Spannweite (ohne Zwischenstützen) und somit eine großzügigere Raumplanung erreicht werden. Ein weiterer Vorteil ist die Möglichkeit, Leitungen innerhalb der Deckenkonstruktion zu verlegen, um sie aus dem sichtbaren Bereich zu entfernen. Diese Möglichkeit birgt allerdings auch Gefahren bei technischen Trocknungen von unten durch die Geschossdecke im Unterflurverfahren

Abb. 2.40: Stahlträgerdecke als Kappendecke (Quelle: U. Lademann)

(siehe Kapitel 5.2.5). Dieses Unterflurverfahren erfordert Bohrungen innerhalb der Decke. Sollte Lüftungstechnik installiert sein, sind diese Leitungen praktisch unauffindbar, sodass sie bei den Bohrungen beschädigt werden können, was zu hohen Reparaturkosten führen kann.

2.3.4.3 Stahlträgerdecken

Bei dieser Deckenkonstruktion sind Stahlträger die hauptsächlich tragenden Elemente (Abb. 2.40). Die verwendeten Stahlträger werden je nach Anforderung in unterschiedlichen Formen eingesetzt, die auch gleichzeitig ihren Namen bestimmen (z. B. I-, H- oder T-Träger). Zwischen den Trägern werden dann verschiedene Baustoffe eingesetzt, um die Decke zu schließen, beispielsweise Beton, Ziegel, Holz und sogar Gipskarton.

2.3.4.4 Gewölbedecken

Gewölbedecken werden bereits seit vielen Jahrhunderten eingebaut und sind oft in historischen Gebäuden zu finden, wie in Kirchen, Burgen und alten Stadthäusern (Abb. 2.41 und 2.42). Aber auch in modernen Bauten werden Gewölbedecken erstellt. Es gibt verschiedene Arten von Gewölbedecken, wie z. B. Tonnengewölbe- oder Kreuzgewölbedecken. Ein Tonnengewölbe ist die einfachste Bauart, die einer halbrunden Röhre ähnelt. Ein Kreuzgewölbe entsteht durch die Überkreuzung zweier Tonnengewölbe – ein typisches Element der gotischen Architektur.

Eine Gewölbedecke ist aufgrund ihrer Konstruktion in sich stabil, d. h., wird ein Stein entfernt oder in die Decke gebohrt, besteht Einsturzgefahr. Jede Gewölbedeckenkonstruktion ist ein Einzelstück. Für die technische Trocknung ist es deshalb wichtig, genau zu wissen, woher das Wasser bei einem Schaden kommt (Ursache der Durchfeuchtung), welche Materialien verbaut wurden und wie die Decke aufgebaut ist.

Abb. 2.41: Gewölbe-
decke – Kreuzgewöl-
be (Quelle: U. Lade-
mann)

Abb. 2.42: Partielle
Trocknung einer
Gewölbedecke
(Kreuzgewölbe)
hinter einem Folien-
zelt (Quelle: U. Lade-
mann)

Praxistipp

Bei alten Gewölbedecken ist die Wahrscheinlichkeit sehr hoch, dass
bereits eine natürlich bedingte erhöhte Feuchte vor einem Wasserscha-
deneintritt vorlag. Deshalb ist bei solchen Wasserschäden immer die
Kommunikation mit den Eigentümern zu suchen. Andernfalls können bei
ihnen Erwartungen entstehen, die mit einer technischen Trocknung nicht
erfüllt werden können.

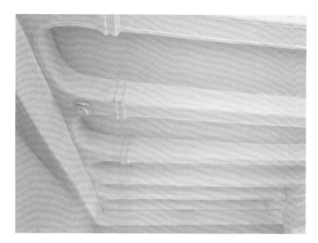

Abb. 2.43: Kölner Decke (Quelle: U. Lademann)

Kölner Decke

Die hauptsächlich im Rheinland zu findende Kölner Decke ist eine Unterart der Gewölbedecken. Sie wurde schon im Mittelalter aus Naturstein, wie Sand- oder Kalkstein, sowie Mörtel und Putz gebaut. In vielen Fällen wurde sie mit Verzierungen versehen (Abb. 2.43), die besonders sensibel auf Wasserschäden reagieren können. Eine Sanierung sollte nur durch gut ausgebildetes Fachpersonal erfolgen, da es ein hohes Maß an spezialisierten Kenntnissen der damaligen Bautechnik und eine fundierte Restaurierungspraxis erfordert, um die Konstruktion nicht zu beschädigen und verwertbare Substanz zu erhalten.

Kappendecke

Auch diese Konstruktion einer Decke zählt zu den Gewölbedecken. Allerdings ist sie preußischen Ursprungs und wird daher auch „Preußische Kappe" oder auch „Berliner Decke" genannt. Konstruktiv handelt es sich bei diesen Decken um aneinandergereihte flache Segmenttonnen-Gewölbe. Diese Gewölbe werden auf T-Trägern widergelagert, deren Beanspruchung über die Wände abgefangen wird. In manchen Fällen werden die Stahlträger zusätzlich mit Stützen unterfangen. Eingebaut wurden diese Decken im 19. und 20. Jahrhundert in großen Räumen, wie Fabrikgebäuden und Werkstätten. In der heutigen Zeit werden Kappendecken bei Sanierungs- und Umbauarbeiten oftmals freigelegt und so belassen, was den modernisierten Gebäudeteilen ein hochwertiges Aussehen verleiht.

2.3.4.5 Holzbalkendecken

Holzbalkendecken sind eine weitverbreitete und traditionelle Deckenkonstruktion. Sie werden bereits seit vielen Jahrhunderten eingebaut, und da sich diese Bauweise aufgrund ihrer Flexibilität, Nachhaltigkeit und Ästhetik bewährt hat, sind sie nach wie vor sehr beliebt.

Eine Holzbalkendecke besteht in erster Linie aus den **tragenden Balken** (Abb. 2.44). Diese werden in regelmäßigen Abständen parallel zueinander

Abb. 2.44: Holzbalkendecke ohne Einschub (Quelle: U. Lademann)

Abb. 2.45: Holzbalkendecke mit Plisterlattung (Quelle: U. Lademann)

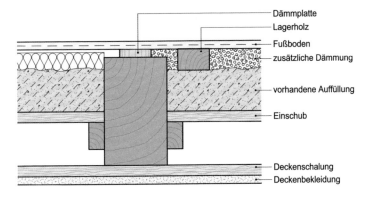

Dämmplatte
Lagerholz
Fußboden
zusätzliche Dämmung

vorhandene Auffüllung

Einschub

Deckenschalung
Deckenbekleidung

Abb. 2.46: Aufbau einer Holzbalkendecke

verlegt und auf Wänden sowie zusätzlichen Trägern fest verlagert. Auf den Balken wird dann eine **Unterkonstruktion** aus Brettern oder Platten verlegt, die als Basis für den späteren Oberbodenbelag (z. B. Parkett, Laminat oder Teppich) dient. Die **untere Seite** der Balken wird ebenfalls entweder mit Latten in Kombination mit Putz (Plisterdecke, Abb. 2.45) oder mit Holzpaneelen, Holzplatten oder Gipskartonplatten verschlossen. Die **Zwischenräume**

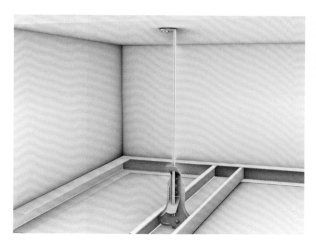

Abb. 2.47: Abgehängte Decke mit Abhänger (Quelle: BAUHAUS Deutschland / Marke PROBAU, Mannheim)

zwischen den einzelnen Balken werden mit Dämmstoffen verfüllt, z. B. mit künstlichen Mineralfasern, Perlite, Zellulose, Lehm oder Stroh.

Historische Holzbalkendecken wurden hierzulande oft aus in Deutschland verfügbaren Hölzern, wie Eiche, Kiefer oder Fichte, gefertigt. Als Deckenfüllung zwischen den Balken wurde beispielsweise Lehm, Stroh, Kalkputz, Ziegel, Hochofenschlacke oder Sand –in vielen Fällen auf einem sog. Blind- oder Fehlboden (Einschub) – eingebracht, um die Schall- und die Wärmedämmung zu verbessern (Abb. 2.46). Historische Holzbalkendecken in alten Stadthäusern, Kirchen und Klöstern sind zusätzlich mit aufwendigen Schnitzereien und Stuckarbeiten verkleidet worden. Bei Wasserschäden ist in diesen Fällen mit sehr viel Fachkenntnis und Sorgfalt vorzugehen, da solche Decken durch eine falsche Trocknungsmethode unwiederbringlich zerstört werden können.

2.3.4.6 Leichtbaudecken

Im Gegensatz zu den massiven Deckenkonstruktionen werden bei Leichtbaudecken leichtere Materialien verwendet. Die Bauelemente werden meist trocken montiert, was die eigentliche Bauzeit erheblich verkürzt.

Ein Hauptanwendungsgebiet von Leichtbaukonstruktionen im Deckenbereich sind **abgehängte Decken** (Abb. 2.47). Diese geschlossenen Deckensysteme bestehen aus einer Unterbekleidung aus Gipskarton- oder Gipsfaserplatten, Holz-, Holzwerkstoff- oder zementgebundenen Platten, die an der Unterseite der tragenden Decke befestigt wird. Zur Befestigung werden Holzlatten oder auch spezielle Ankersysteme aus Metall oder Kunststoff (Abhänger) verwendet. Oberhalb der Unterbekleidung entsteht auf diese Weise ein Hohlraum, in dem sich eingedrungenes Wasser oder Wasserdampf ansammeln kann. Im Rahmen einer Schadenaufnahme muss deshalb bei abgehängten Decken untersucht werden, ob die Unterkonstruktion durch Feuchteeinwirkung in ihrer Tragfähigkeit beeinträchtigt ist.

Abb. 2.48: Brettstapeldecke mit einem Mehrfachbefall durch holzzerstörende Pilze (Quelle: W. Böttcher)

2.3.5 Holzkonstruktionen

Holzkonstruktionen finden sich nicht nur in Holzbalkendecken, sondern kommen auch in Dachstühlen, Wänden und Böden zum Einsatz. Holz als Baustoff ist nachhaltig, flexibel einsetzbar, bietet hervorragende Eigenschaften bei der Wärmedämmung eines Gebäudes und der Feuchteregulation in Räumen, wodurch ein angenehmes Raumklima entsteht, und erfreut sich aus diesen Gründen großer Beliebtheit.

Im Fall eines Wasserschadens ist jedoch ein besonderes Augenmerk auf alle Holzkonstruktionen zu richten, weil es durch die Einwirkung von Feuchte zu **Materialveränderungen** in Form von Quellen, Schwinden, Reißen und Verfärben kommen kann. Auch die Gefahr eines Befalls mit **holzzerstörenden Pilzen** und **Insekten** (siehe näher hierzu Kapitel 6.5) ist bei einer Feuchteeinwirkung auf Holz nicht zu unterschätzen, denn ein solcher Befall kann sogar zum Versagen der Konstruktion führen. Sind Holzkonstruktionen bei einem Wasserschaden betroffen, muss daher sorgfältig untersucht werden, ob bereits ein Wachstum von holzzerstörenden Pilzen begonnen hat. Sporen von holzzerstörenden Pilzen sind genau wie Sporen von Schimmelpilzen überall latent vorhanden. Zum Wachstum benötigen sie lediglich Feuchte und organisches Material wie Holz. Ein nicht erkanntes Wachstum von holzzerstörenden Pilzen kann Schäden zur Folge haben, die einen Rückbau der gesamten Konstruktion erfordern. Holzzerstörende Insekten benötigen ebenfalls Feuchte zum Wachstum. Auch wenn über einen langen Zeitraum keine Anzeichen für solche Insekten vorhanden waren, kann es zu einem Befall kommen, da es bereits früher einen Befall gegeben haben könnte.

Ist ein Befall durch holzzerstörende Pilze oder Insekten erkannt worden (Abb. 4.48), sind umfängliche Maßnahmen unter Einhaltung der DIN 68800-4 „Holzschutz – Teil 4: Bekämpfungsmaßnahmen gegen Holz zerstörende Pilze und Insekten und Sanierungsmaßnahmen" (2020) durchzuführen. Ferner ist eine Person mit Sachkunde zur Überwachung der Sanierung bis zum Abschluss der notwendigen Bekämpfungsmaßnahmen einzuschalten.

2.3.6 Abdichtungen

Die für Abdichtungen einschlägigen Normenreihen DIN 18531 bis DIN 18535 gelten für alle Gebäude, die ab dem 1. Juli 2017 errichtet wurden, und grenzen die einzelnen Abdichtungsbereiche deutlich voneinander ab:

- DIN 18531 „Abdichtung von Dächern, Balkonen, Loggien und Laubengängen" (2017),
- DIN 18532 „Abdichtung von befahrbaren Verkehrsflächen aus Beton" (2017),
- DIN 18533 „Abdichtung von erdberührten Bauteilen" (2017),
- DIN 18534 „Abdichtung von Innenräumen" (2017) und
- DIN 18535 „Abdichtung von Behältern und Becken" (2017).

Für die Sanierung von Wasserschäden und die damit verbundene technische Trocknung ist besonders die Normenreihe DIN 18534 zu beachten. Denn bei **Kernlochbohrungen** und **Entlastungsöffnungen** (siehe Kapitel 5.3), bei Bauteilöffnungen und bei dem Rückbau von beschädigten Bauteilen ist in vielen Fällen mit einer Abdichtung zu rechnen, beispielsweise in Badezimmern, Küchen, Hauswirtschaftsräumen und anderen durch Feuchte beanspruchten Räumen, die nicht zerstört werden darf. Die Normenreihe DIN 18534 hilft dabei, trotz einer vorhandenen **Abdichtung schadenfrei** ein erfolgreiches Trocknungsergebnis herbeizuführen. Auch bei einer partiellen Bauteilöffnung im Zuge einer Leckageortung können durch Kenntnisnahme der Normenreihe DIN 18534 Schäden an der Abdichtung vermieden werden.

Praxistipp

Wo für Wasserschadensanierungen in gefliesten Nassbereichen Kernlochbohrungen und Entlastungsöffnungen zur Unterlüftung der Estrichdämmschicht unvermeidbar sind, können diese Öffnungen direkt in das Fliesenfugenkreuz gebohrt (Fliesenfugenverfahren) und die Bohrungen bei Abschluss der Arbeiten durch sog. Einleger wiederhergestellt werden (Abb. 2.49). Mit einem innovativen Verfahren können die notwendigen Öffnungen nach Abschluss der Trocknungsmaßnahmen auch wieder mit einer funktionierenden Abdichtung verschlossen werden (Abb. 2.50). Interessierte Fachkräfte haben die Möglichkeit, dieses Reparaturverfahren in speziellen Praxisseminaren zu erlernen. Weitere Informationen über das patentierte Verfahren und die angebotenen Seminare finden sich unter www.ceravogue.de.

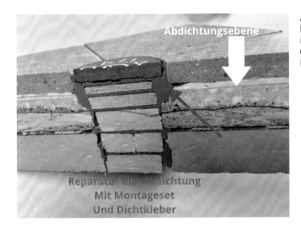

Abb. 2.49: Modell einer Estrichplatte mit Einleger im Querschnitt (Quelle: CeraVogue GmbH & Co. KG, Porta Westfalica)

Abb. 2.50: Verschluss von Kernlochbohrungen und Entlastungsöffnungen mit einer funktionierenden Abdichtung: Bereitstellen der einzelnen Komponenten – aufgrund schnell härtender Bestandteile ist es ratsam, die Materialien griffbereit zu haben (oben links); Ausmessen der Tiefe des Bohrlochs und Vorfertigen der einzelnen (runden) Dämmplättchen für den späteren Schichtaufbau (oben Mitte); Einbringen des Klebers (oben rechts); Aufschichten der zuvor angefertigten Dämmplättchen (unten links); Aufbringen der finalen Klebeschicht (unten Mitte); Einlegen des Dekoreinlegers (unten rechts). (Quelle: Ceravogue GmbH & Co.KG, Porta Westfalica)

3 Erkennen von Wasserschäden, Schadenaufnahme und Gefährdungsbeurteilung

3.1 Messung der für die Wasserschadenerkennung und -sanierung wesentlichen Parameter

Im Folgenden wird ein Überblick über die wichtigsten Messverfahren und deren Anwendung gegeben, die für das Erkennen von Wasserschäden und damit für deren Sanierung von Bedeutung sind. Weiterführende und ausführliche Informationen zu Messverfahren und deren Anwendung finden sich in „Bauwerksdiagnostik bei Feuchteschäden" (Hankammer/Resch, 2023).

In den folgenden Unterkapiteln werden einige Texte und Bilder aus „Bautrocknung im Neubau und Bestand" (2014) sowie „Bauwerksdiagnostik bei Feuchteschäden, 2. Auflage" (2023) verwendet.

3.1.1 Messung der relativen Luftfeuchte und der Lufttemperatur

Die Messung von Klimadaten dient einer Vielzahl von bauphysikalischen Untersuchungen. Bei Messungen der relativen Luftfeuchte und der Lufttemperatur wird zwischen stationären und instationären Messungen unterschieden. Bei einer **stationären Messung** wird die Messung zu einem bestimmten Zeitpunkt durchgeführt und zeigt eine Momentaufnahme der zu beurteilenden Umgebungsbedingungen an. Zum Einsatz kommen Thermometer, Hygrometer oder Kombinationen als Thermohygrometer (Abb. 3.1). Bei der **instationären Messung** wird der Verlauf des Klimas über einen definierten Zeitraum gemessen. Hierzu finden elektronische Datenlogger oder Thermohydrographen mit Papierstreifenschreiber Verwendung.

Abb. 3.1: Thermohygrometer (Quelle: M. Resch)

Abb. 3.2: Mechanisches Hygrometer (Quelle: Feingerätebau K. Fischer GmbH, Drebach)

Mechanisch-physikalische Messgeräte benötigen im Gegensatz zu elektronischen Messgeräten keine eigene Stromquelle. In der Regel kommen allerdings elektronische Messgeräte mit geeigneten Messsensoren für die relative Luftfeuchte und die Lufttemperatur zum Einsatz. Die meisten dieser Messgeräte zeigen zur Luftfeuchte und Lufttemperatur zusätzlich noch den Taupunkt und den absoluten Wassergehalt der Luft in Gramm pro Kubikmeter oder in Gramm pro Kilogramm trockener Luft an.

Praxistipp

Die Temperatur der Messgeräte sollte immer der Umgebungstemperatur angepasst werden. Wenn das Gerät z. B. aus einem kalten Autokofferraum kommt, kann es bis zu 30 Minuten dauern, bis es den richtigen Messwert anzeigt. Dem kann bei längeren Anfahrtswegen entgegengewirkt werden, indem das Gerät schon bei der Anfahrt im warmen Fahrzeuginneren aufbewahrt wird. Der Gerätekoffer sollte unmittelbar nach dem Eintreffen am Tätigkeitsort geöffnet werden, damit sich das Gerät akklimatisieren kann.

In der Bedienungsanleitung des jeweiligen Gerätes ist angegeben, unter welchen Betriebsbedingungen es einwandfrei arbeitet. Grundsätzlich schadet Kondensat der Elektronik der Geräte.

Abb. 3.3: Berührungslose Messung der Wandober-flächentemperatur mit einem Pyrometer (Quelle: M. Resch)

Bei mechanischen **Haar-Hygrometern** führt die Erhöhung der relativen Luftfeuchte in der Umgebung zur Ausdehnung eines im Gerät eingespannten Pferdehaares, das mit dem Zeiger gekoppelt ist, sodass der Anstieg der relativen Luftfeuchte auf der Skala angezeigt wird. Die häufig unter der Skala befindlichen Zusatzangaben „trocken", „normal" und „feucht" (siehe Abb. 3.2) können allerdings zu Missverständnissen bei den Anwendenden führen, da z. B. eine noch in den auf dem Gerät angegebenen Normalbereich fallende relative Luftfeuchte von 70 % in bewohnten Räumen im Winterhalbjahr durchaus nicht mehr als „normal" zu bewerten ist.

3.1.2 Messung der Oberflächentemperatur

Bei einem **Schimmelpilzbefall** oder einem **Tauwasserausfall** an Bauteiloberflächen dienen Messungen der Oberflächentemperaturen dem Nachweis, unter welchen klimatischen Randbedingungen neben der relativen Luftfeuchte an den Bauteiloberflächen (Schimmelpilzbefall: ≥ 80 %, Tauwasserausfall: 100 %) diese Schäden eintreten konnten.

Oberflächentemperaturen können berührungslos oder mit einem Kontakt zur Bauteiloberfläche gemessen werden. Eine **berührungslose Messung** lässt sich mit einem **Pyrometer** (Infrarot-Thermometer) durchführen, das die Infrarotstrahlung der zu prüfenden Oberfläche misst und so deren Temperatur ermittelt (Abb. 3.3).

Das Ergebnis der Messung ist abhängig von dem materialspezifischen Emissionswert der Bauteiloberfläche, der bekannt sein muss. Bei nahezu allen Pyrometern lässt sich heute der Emissionswert einstellen. Ferner lassen sich Alarmwerte für Maximum- und Minimumwerte programmieren. Manche Geräte ermöglichen auch das Abspeichern ganzer Messreihen.

Abb. 3.4: Auf einem Pyrometer (links) angegebene Durchmesser des Messbereichs (rechts), abhängig von dem Abstand zur Messfläche (Quelle: M. Resch [links und rechts])

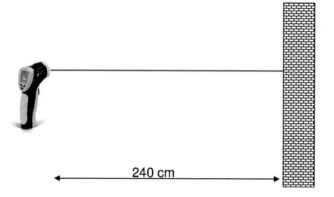

Abb. 3.5: Abstand des Pyrometers zur Wand von 240 cm (Quelle: M. Resch)

240 cm

Aus welcher Distanz eine Messung möglich ist, ohne ungenaue Ergebnisse zu erzielen, hängt von der Größe des Messflecks ab, die wiederum von dem auf dem Gerät angegebenen Messfleckverhältnis bestimmt wird (Abb. 3.4). Je kleiner der Messfleck und je größer die Verhältniszahl ist, desto größer ist die Distanz, aus der gemessen werden kann. Die gängigsten Verhältnisse sind 8:1, 12:1, 30:1 und 50:1.

Beispiel

Auf einem Pyrometer ist ein Messfleckverhältnis von 8:1 angegeben. Befindet sich die zu messende Wand in einem Abstand von 240 cm zum Pyrometer (Abb. 3.5), so ergibt sich ein Messfleck mit einem Durchmesser von 240 cm : 8 = 30 cm. Bei einem Gerät mit einem Messfleckverhältnis von 50:1 ergäbe sich bei demselben Abstand zur Wand ein Messfleckdurchmesser von 5 cm.

Für Oberflächentemperaturmessungen von Glas oder metallischen, glänzenden Bauteilen ist ein Pyrometer nicht geeignet. Hier kommt nur eine Messung mit Kontakt zur Bauteiloberfläche in Betracht. Solche Messungen können mit Kontaktthermometern vorgenommen werden, die über unter-

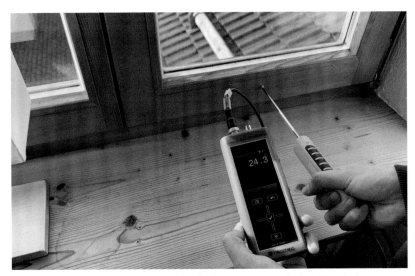

Abb. 3.6: Messung der raumseitigen Oberflächentemperatur mit dem Kontaktthermometer (Quelle: M. Resch)

schiedliche Sensoren für unterschiedliche Materialien verfügen. Die Bandbreite der messbaren Substanzen reicht von festen Materialien über Flüssigkeiten und lose Schüttungen bis hin zu Lebensmitteln.

Kontaktthermometer müssen immer auf die zu messende Oberfläche aufgesetzt (Abb. 3.6) oder in die zu messende Masse gesteckt werden und zeigen in kürzester Zeit die exakte Temperatur an.

In der Regel werden für die Kontaktthermometer zur Oberflächentemperaturmessung im Bereich von –200 °C bis +850 °C die Platintemperatursensoren Pt100 eingesetzt, die elektrische Widerstandsänderungen eines Platindrahtes oder einer Platinschicht unter Temperatureinfluss nutzen. Pt100 bedeutet, dass der Nennwiderstand R_0 des Sensors bei einer Temperatur von 0 °C 100 Ω beträgt. Die Widerstandsänderungen sind in DIN EN IEC 60751 „Industrielle Platin-Widerstandsthermometer und Platin-Temperatursensoren" (2023) festgelegt. Durch diese Standardisierung des Nennwiderstandes und der Widerstandsänderung lassen sich Temperatursensoren leicht austauschen, ohne dass während einer Messung neu kalibriert werden muss. Pt100-Thermometer sind genauer als Kontaktthermometer mit Thermoelementen.

Einige Geräte ermöglichen zusätzlich die Messung der Raumlufttemperatur, der relativen Raumluftfeuchte und der Oberflächenfeuchte. Bei diesen Geräten lässt sich die spezifische Taupunkttemperatur (entspricht einer relativen Luftfeuchte an der Bauteiloberfläche von 100 %) und ihre Differenz zu der tatsächlich gemessenen Oberflächentemperatur anzeigen. Je größer die Differenz ist, desto geringer ist das Risiko eines Tauwasserausfalls und damit eines Schimmelpilzbefalls. Hierbei ist allerdings zu beachten, dass ein Schimmelpilzbefall nicht erst bei einer relativen Luftfeuchte an der Bauteiloberfläche von 100 % entstehen kann, sondern bereits ab einer relativen Luftfeuchte an der Bauteiloberfläche von 80 %.

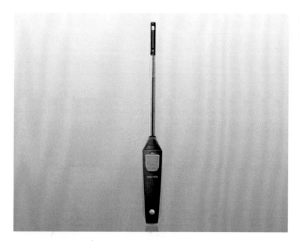

Abb. 3.7: Heißfilm-Anemometer (Quelle: Testo GmbH, Wien)

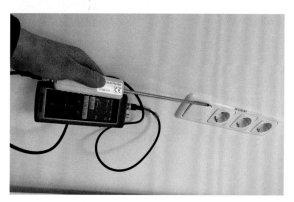

Abb. 3.8: Messung der Luftgeschwindigkeit an einem Lichtschalter (Quelle: M. Resch)

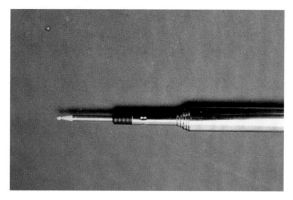

Abb. 3.9: Hitzkugelsensor eines Anemometers (Quelle: G. Hankammer)

Abb. 3.10: Probeentnahme mit Hammer und Meißel über den gesamten Querschnitt des Estrichs (Quelle: M. Resch)

3.1.3   Messung der Luftgeschwindigkeit

Zum Messen von Luftgeschwindigkeiten werden mechanische oder elektronische Anemometer eingesetzt. Bei den **mechanisch betriebenen Anemometern** wird die Luftgeschwindigkeit mithilfe eines Flügelrades gemessen. Da hierbei ein gewisser Eigenwiderstand durch die Reibung zwischen Achse und Aufnahme überwunden werden muss, leidet die Genauigkeit des Messwertes im unteren Bereich.

Bei **elektronischen Anemometern** muss kein Reibungswiderstand überwunden werden, sie sind daher wesentlich genauer als mechanische. Das Messprinzip der sog. Heißfilm-Anemometer (Abb. 3.7) beruht auf dem Wärmetransport von einem elektrisch erwärmten Körper in das umgebende Medium. Dieser Transport ist von der Strömungsgeschwindigkeit des umgebenden Mediums abhängig. Daher ist die Größe des Wärmeverlustes des Messgerätesensors bei der Abkühlung durch die Luftströmung ein Maß für die augenblickliche Luftgeschwindigkeit (Abb. 3.8). Manche Geräte nutzen statt eines Heißfilmsensors auch Hitzdraht- oder Hitzkugelsensoren (Abb. 3.9).

3.1.4   Messung der Feuchte in Baustoffen, Bauteilen und Baukonstruktionen

3.1.4.1 CM-Verfahren

Mit dem CM-Verfahren (auch als Calcium-Carbid-Methode bezeichnet) wird der Feuchtegehalt in Baustoffen bestimmt. Es lässt sich in kurzer Zeit vor Ort anwenden, führt zu sehr genauen Ergebnissen und wird überwiegend zur Bestimmung der **Restfeuchte in Estrichen** verwendet. Das Messgerät lässt sich jederzeit vor Ort mit einer Kalibrierampulle überprüfen.

Zur Bestimmung der Estrichfeuchte wird aus dem gesamten Querschnitt des Estrichs eine Probe entnommen, die entweder mit Hammer und Meißel (Abb. 3.10) oder auch mit einem elektrischen Stemmhammer herausgebrochen wird. Es handelt sich somit um ein **zerstörendes Verfahren**.

Abb. 3.11: Prüfgutentnahme aus dem Estrich mit einem Handschuh und Lagerung in einer Plastiktüte (Quelle: M. Resch)

Abb. 3.12: Zerkleinern des Prüfguts in einer Plastiktüte (Quelle: M. Resch)

Auf die Verwendung von Bohrmehl als Prüfgut sollte verzichtet werden, da die Oberfläche des Bohrmehls so groß ist, dass ein Großteil der Feuchte verdunstet, bevor mit der Messung begonnen wird. Ausnahme ist eine Methode, bei der für das Bohren ein Hohlbohrer und eine spezielle langsam drehende Bohrmaschine verwendet werden, sodass kaum Wärme im Bohrloch entsteht, und das Bohrmehl über eine Absaugvorrichtung direkt in einen verschlossenen Auffangbehälter gesaugt wird. Aus diesem Behälter kann anschließend das Bohrmehl zur Bestimmung der Restfeuchte entnommen werden.

Die Materialprobe wird mit einem Handschuh entnommen und in eine Plastiktüte gegeben, wo sie anschließend mit einem Hammer zerkleinert wird (Abb. 3.11 und 3.12).

> **Praxistipp**
>
> Die Plastiktüte, in die das Prüfgut zur Zerkleinerung gegeben wird, verhindert, dass Feuchte aus dem Prüfgut entweichen kann. Außerdem hält sie noch „Reserveprüfgut" vor, falls im Falle einer Fehlmessung eine zweite Messung erforderlich wird.
>
> Durch das Zerkleinern des Prüfguts in der Tüte mit einem Hammer wird die Plastiktüte zerstört, was ein mehrmaliges Umfüllen des Prüfguts notwendig macht.

Die zerkleinerte Materialprobe wird mit einer Feinwaage exakt auf 20 g, 50 g oder 100 g – je nach Bindemittel des Estrichs und erwartetem Feuchtegehalt – abgewogen und in eine Druckflasche gegeben. Bei Calciumsulfatestrichen beträgt das Prüfgutgewicht obligatorisch 100 g. In die Druckflasche

Abb. 3.13: Auf dem Manometer ablesbarer Druckanstieg in der Druckflasche (Quelle: M. Resch)

Abb. 3.14: Analoges Druckmanometer zum Ablesen des CM-Werts anhand der Einwaage (Quelle: M. Resch)

kommen dann noch 3 oder 4 Stahlkugeln (gerätespezifische Anzahl) und **zuletzt** eine Glasampulle mit Calcium-Carbid. Dann wird die Druckflasche mit einem Deckel-Manometer verschlossen. Unter kreisenden Bewegungen wird die Flasche nun 2 Minuten lang geschüttelt. Dabei zermahlen die Stahlkugeln das Prüfgut und zerstören die Glasampulle. 5 Minuten nach dem Verschließen wird die Flasche nochmals für 1 Minute und 10 Minuten nach dem Verschließen letztmalig für 10 Sekunden geschüttelt.

Bei dem Vorgang findet eine chemische Reaktion zwischen dem **Calcium-Carbid** aus der zerstörten Glasampulle und dem **freien Wasser** aus dem Prüfgut statt:

$$CaC_2 + 2\,H_2O \rightarrow C_2H_2 + Ca(OH)_2 \tag{3.1}$$

mit

CaC_2	Calcium-Carbid
H_2O	Wasser
C_2H_2	Acetylengas
$Ca(OH)_2$	Calcium-Hydroxid

Das bei der Reaktion entstehende Acetylengas erzeugt einen Druckanstieg in der Flasche, der über das aufgesetzte Manometer in bar ablesbar ist (Abb. 3.13). Dieser Druckanstieg in bar wird in einer Tabelle einem CM-Wert zugewiesen (Feuchtegehalt der Probe in CM-%). Farbliche Einteilungen auf dem Manometer ermöglichen auch eine direkte Ablesung des CM-Werts, abhängig von der Einwaage (Abb. 3.14). Zu beachten ist, dass der CM-Wert nicht dem Feuchtegehalt in Masseprozent entspricht. Bei der Dokumentation der Prüfungsergebnisse ist daher stets darauf zu achten, dass die Einheit CM-% angegeben wird.

Abb. 3.15: Ausreichend zerkleinertes, fein zermahlenes Prüfgut einer Messung mit dem CM-Verfahren; zu erkennen ist nur noch der Zuschlag in Form von Steinen (Quelle: M. Resch).

Abb. 3.16: Nicht ausreichend zerkleinertes Prüfgut einer Messung mit dem CM-Verfahren; zu erkennen sind größere Estrichstücke sowie Reste der Glasampulle. Diese Messung muss wiederholt werden. (Quelle: M. Resch)

Tabelle 3.1: CM-Werte der Belegreife für Zement- und Calciumsulfatestriche

Zementestrich		Calciumsulfatestrich	
beheizt	unbeheizt	beheizt	unbeheizt
1,8	2,0	0,3	0,5

Bei dem Entleeren der Flasche sollte das Prüfgut einer Sichtprüfung unterzogen werden. Ist das Prüfgut fein zermahlen, ist die Messung in Ordnung (Abb. 3.15). Befinden sich jedoch noch unzermahlene Prüfgutstücke (Steine zählen nicht dazu) darin, muss die Messung wiederholt werden (Abb. 3.16).

Praxistipp

Wenn der Behälter entleert und das Prüfgut fachgerecht entsorgt wird, müssen vorher **alle** Stahlkugeln entnommen werden. Dabei darf nicht mit bloßen Händen in das ausgeschüttete Prüfgut gegriffen werden, da die Splitter der zerbrochenen Glasampulle eine Verletzungsgefahr darstellen.

Abb. 3.17: Dielektrisches Handmessgerät für die kapazitive Messung (Quelle: M. Resch)

Abb. 3.18: Elektronisches Messgerät mit gehäuseintegriertem halbrundem Messsensor für die kapazitive Messung (Quelle: G. Hankammer)

3.1.4.2 Dielektrisches Messverfahren (niederfrequent) – kapazitive Messung

Bei diesem **zerstörungsfreien** elektrischen **Messverfahren** wird die Dielektrizitätskonstante ε eines Baustoffs über das Hochfrequenzfeld eines Kondensators gemessen. Die Dielektrizitätskonstante ε ist eine definierte Größe eines Baustoffs, deren Wert sich ändert, wenn der Baustoff Feuchte aufnimmt. Die Messgerätekonfiguration besteht in der Regel aus einem elektronischen Messgerät und einem Sensor (Abb. 3.17). Bei einigen Geräten ist der Sensor bereits integriert (Abb. 3.18). Der Sensor enthält einen Kondensator, der sich prinzipiell aus 2 Platten zusammensetzt, die sich nicht berühren dürfen. Wird an die Platten eine Spannung angelegt, so laden sich die beiden Platten unterschiedlich auf und erzeugen ein elektrisches Feld. Je größer die Fläche der Kondensatorplatten und je geringer der Abstand der Platten ist, desto höher ist die Kapazität des Kondensators. Zusätzlich ist die Kapazität noch abhängig von dem Material, das die Platten trennt. Dieses wird „Dielektrikum" genannt und es beeinflusst bzw. ändert die Kapazität des Kondensators.

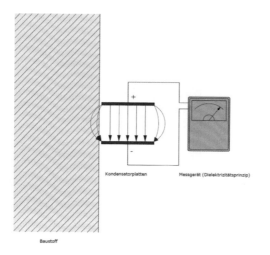

Abb. 3.19: Zwischen 2 Kondensatorplatten wird ein elektrisches Feld erzeugt. (Quelle: G. Hankammer)

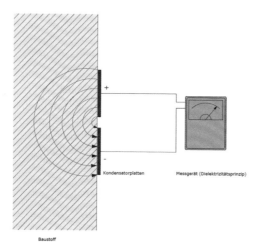

Abb. 3.20: Die 2 Kondensatorplatten liegen auf dem Baustoff auf, das zwischen ihnen erzeugte elektrische Feld geht durch den Baustoff hindurch. (Quelle: G. Hankammer)

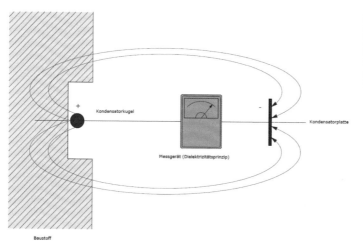

Abb. 3.21: Zwischen einer Kondensatorkugel und einer Kondensatorplatte wird ein elektrisches Feld erzeugt. (Quelle: G. Hankammer)

 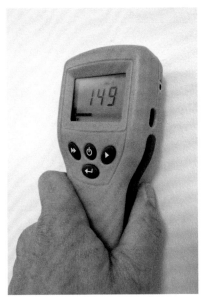

Abb. 3.22: Die kapazitive Messung erfolgt durch Auflegen des Messgerätes auf die Wandoberfläche; Seitenansicht (links) und Aufsicht (rechts). (Quelle: M. Resch [links und rechts])

Wasser hat eine sehr hohe Dielektrizitätskonstante ε von 78,6, Luft dagegen eine sehr niedrige von 1. Bei Baustoffen liegt die Konstante zwischen 6 und 8. Dementsprechend lässt sich Wasser in Baustoffen sehr gut nachweisen. Je höher der Feuchteanteil in einem Baustoff ist, desto größer ist der resultierende Messwert.

Der Sensor wird auf die Oberfläche des zu untersuchenden Baustoffs nach Angabe des Geräteherstellers aufgelegt (Abb. 3.22). Der Anzeigewert wird in „Digits" abgelesen und dokumentiert. Zu beachten ist, dass diese Ablesewerte keinesfalls Messwerte der Baustofffeuchte sind, sondern lediglich Vergleichswerte, die noch durch die Anwendenden zu bewerten sind. Die Bewertung erfolgt unter Bezugnahme auf eigene Referenzwerte, die mit dem gleichen Gerät vor Ort an nicht durchfeuchteten Oberflächen aus dem gleichen Baustoff ermittelt wurden. Hierfür bieten sich z. B. Innenwände an, bei denen eine von außen eindringende Feuchte ausgeschlossen werden kann.

In der Dokumentation ist unbedingt die eingesetzte Gerätekonfiguration namentlich zu benennen, damit die Werte auch später für Dritte interpretierbar und nachvollziehbar sind. Dies ist insbesondere deshalb erforderlich, weil die Skalierungen der einzelnen Geräte unterschiedlich sind. Einige Geräte verfügen über Skaleneinteilungen von 0 bis 100 Digits, andere liegen in einer Bandbreite von 0 bis 200 Digits und wieder andere zwischen 60 und 1.000 Digits. Allein die Angabe eines Anzeigewerts liefert demnach keine verlässliche Aussage über die tatsächliche Baustofffeuchte.

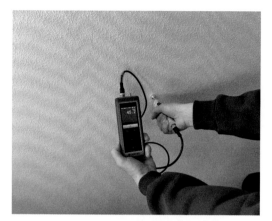

Abb. 3.23: Hand am hinteren Ende des Handsensors (Quelle: M. Resch)

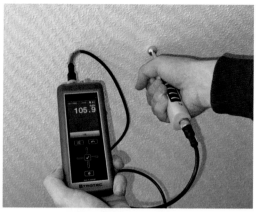

Abb. 3.24: Hand am vorderen Ende des Handsensors: Der Anzeigewert beträgt mehr als das Doppelte des Anzeigewerts in Abb. 3.23. (Quelle: M. Resch)

Praxistipp

Bei der Verwendung von Handsensoren empfiehlt es sich, den Griff des Sensors am unteren Ende anzufassen. Dadurch wird vermieden, dass das Messergebnis durch die Hand beeinflusst wird (Abb. 3.23 und 3.24).

Unbedingt zu vermeiden ist bei allen kapazitiven Messgeräten die Messung in Ecken und in Bohrlöchern. Da es sich bei diesem Messverfahren um eine Streufeldmessung handelt, gehen die Materialien, die solche Messpunkte umgeben, in das Messergebnis mit ein. Das kann bis zu einer Verdopplung des Messwertes führen.

Die Eindringtiefe ist abhängig von der Rohdichte des Materials und dem Feuchtegehalt. Eine Fliese auf einer Gipskartonplatte reduziert die Eindringtiefe des Sensors auf ca. 2 cm. Bei einer Fliesenstärke von 8 bis 10 mm kann der Sensor noch ca. 1 cm tief in die Gipskartonplatte messen.

3.1.4.3 Dielektrisches Messverfahren (hochfrequent) – Mikrowellenmessung

Im Gegensatz zur kapazitiven Messung, bei der ein elektrisches Feld für die Messung verwendet wird, kommen für diese Messung Mikrowellen zum Einsatz. Die Mikrowellenmessung gehört zu den **zerstörungsfreien** hochfrequenten dielektrischen **Messverfahren** und arbeitet mit Frequenzen, die zwischen 2 und 10 GHz liegen. Gemessen wird der Wasseranteil in dem zu überprüfenden Baustoff. Konstruktiv handelt es sich bei den angebotenen und verwendeten Sensoren der Mikrowellenmessgeräte um Sende- und Empfangsantennen mit unterschiedlichen Antennenanordnungen, die wiederum die Eindringtiefe bestimmen (Abb. 3.25). Je nach Bauart und Antennen können Eindringtiefen von 4 bis 70 cm erreicht werden. Der Baustoff

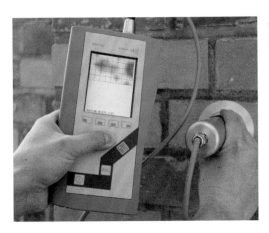

Abb. 3.25: Elektronisches Messgerät mit Mikrowellensensor (Quelle: hf Sensor GmbH, Leipzig)

muss immer mindestens den Querschnitt aufweisen, dessen Eindringtiefe der Sensor hat. Das Messprinzip beruht darauf, dass das Basisgerät die **Differenz** zwischen **eingestrahlter** und **reflektierter Frequenz** ermittelt und in einem dimensionslosen Wert (Digits) anzeigt.

Die Messung mit den Mikrowellenmessgeräten sollte immer in einem vorher festgelegten Raster erfolgen, das eine Rastergröße von 20 bis 50 cm hat, je nach Größe der zu untersuchenden Fläche. Wird dazu mit mindestens 2 unterschiedlichen Sensoren gemessen, entsteht dadurch ein repräsentatives Feuchteprofil über den Querschnitt des untersuchenden Bauteils.

Bei mehrschichtigen Boden- und Wandkonstruktionen ist zu berücksichtigen, dass jede Schichtgrenze auch eine Reflexion erzeugt, die in das Messergebnis mit eingeht. Die Mikrowellenmessung eignet sich auch hervorragend zur Ortung von Metallen; Versalzungen dagegen beeinflussen das Messergebnis nicht.

3.1.4.4 Widerstandsmessung

Bei der Widerstandsmessung wird von den Geräten ein elektrischer Messstrom zwischen 2 Elektroden geleitet, die unterschiedliche Formen und Größen haben können. Die Leitfähigkeit des zu messenden Baustoffs wird in der Regel als Zahlenwert in Digits auf dem Messgerät angezeigt. Je **feuchter** ein Baustoff ist, desto **geringer** ist der **Widerstand** zwischen den beiden Elektroden und daraus ergibt sich eine entsprechend höhere Leitfähigkeit.

Das klassische Anwendungsgebiet der Widerstandsmessung ist der Baustoff **Holz**. Für die meisten Holzsorten gibt es sog. Kalibrierkurven, mithilfe derer die Holzfeuchte in Masseprozent bestimmt werden kann. Einige Messgeräte bieten die Möglichkeit einer holzartenspezifischen Voreinstellung, damit auf dem Display bereits der für die Holzart zutreffende Wert in Masseprozent abgelesen werden kann. Dies funktioniert aber nur bei unbehandeltem Holz. Befindet sich Farbe, Lack, Wachs oder Öl auf dem Holz, so kann eine Bestimmung der absoluten Feuchte im Holz nicht mehr durchgeführt werden.

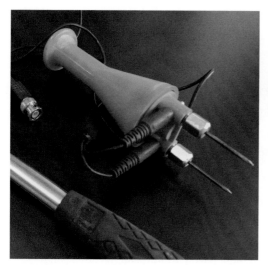

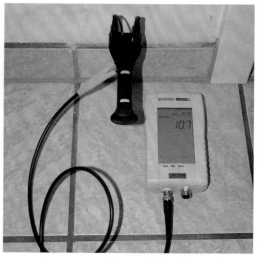

Abb. 3.26: Einschlagelektrode M 20 (Quelle: Gann Mess- u. Regeltechnik GmbH, Gerlingen)

Abb. 3.27: Widerstandsmessung mit einer Einschlagelektrode in Putz (Quelle: M. Resch)

Bei allen anderen Baustoffen handelt es sich grundsätzlich bei dem angezeigten Messwert **nicht** um den **absoluten Feuchtegehalt** eines Baustoffs, sondern lediglich um einen Vergleichswert. Es gibt zwar teilweise umfangreiche Umrechnungstabellen zu den jeweiligen Messgeräten, diese sind jedoch nicht zuverlässig. Zielführender sind praktische Erfahrungswerte für die verschiedenen Baustoffe, die eine Orientierung für die Abschätzung des Baustofffeuchtegehalts bieten können. Es handelt sich hierbei um empirisch ermittelte Werte, die lediglich als Anhaltspunkte dienen und keine Absolutwerte darstellen.

Die Wahl der **Elektroden** richtet sich danach, welcher Baustoff gemessen werden soll. Bei der Messung von Holz werden in der Regel unisolierte Messstifte mit einem Durchmesser von 4 bis 6 mm und einer Länge von 200 bis 300 mm verwendet. Zumeist kommen sog. Einschlagelektroden zum Einsatz, die mit einem Hammer in das Prüfgut eingeschlagen werden (Abb. 3.26). Einschlagelektroden werden allerdings nicht nur bei Holz, sondern auch bei mineralischen Baustoffen und Dämmstoffen verwendet (Abb. 3.27). Für Rammelektroden wird kein Hammer benötigt, da die Elektrodenspitzen über einen beweglichen Massekörper, der auf einer Stange gleitet, eingetrieben werden.

Zur Bestimmung der Feuchte in **Dämmstoffen** unterhalb von Estrichen werden in der Regel isolierte Flach- oder Rundelektroden verwendet (Abb. 3.28 und 3.29). Flachelektroden sind 20 mm breit, 2 mm dick und zwischen 200 und 300 mm lang. Sie können über den Randstreifen zwischen Wand und Estrich geschoben werden (Abb. 3.30). So kann entlang von Wänden die Feuchteverteilung unter Estrichen weitestgehend zerstörungsfrei gemessen werden. Rundelektroden haben einen Durchmesser von 6 mm und eine Länge von 200 bis 300 mm. Um sie zu platzieren, ist es erforderlich, 2 Boh-

Abb. 3.28: Flachelektroden (Quelle: M. Resch)

Abb. 3.29: Rundelektroden (Quelle: M. Resch)

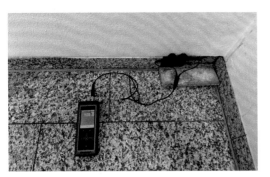

Abb. 3.30: Widerstandsmessung mit Flachelektroden über den Randstreifen zur Ermittlung der Feuchte unter einem schwimmenden Estrich (Quelle: M. Resch)

Abb. 3.31: Widerstandsmessung mit Rundelektroden über 2 Bohrungen zur Ermittlung der Feuchteverteilung in einer Bodenkonstruktion (Quelle: M. Resch)

rungen zu setzen (Abb. 3.31). Die Löcher sollten etwas größer als der Durchmesser der Rundelektroden sein.

Für die **Langzeitmessung** in mineralischen Baustoffen empfiehlt es sich, sog. Bürstenelektroden zu verwenden. Sie bestehen zumeist aus Messing und stellen durch ihre spezielle Bauart einen guten seitlichen Kontaktschluss im Bohrloch zum Baustoff her. Die Bohrlöcher sollten etwas kleiner als der Durchmesser der Bürstenelektroden sein.

Praxistipp

Salze und Metalle können die Messung negativ beeinflussen. Bei der Verwendung von Flach- oder Rundelektroden können fehlende oder beschädigte Isolierungen zu Fehlmessungen führen. Solche Isolierungen können durch einfaches Isolierband ersetzt oder repariert werden.

Es sollte darauf geachtet werden, dass die Messspitzen in einer Länge von ca. 1 bis 2 cm unisoliert sind. Somit ist der Messbereich definiert und Fehler werden minimiert.

3.1.4.5 Hygrometrische Messung

Die hygrometrische Messung dient der **zerstörungsfreien** oder **zerstörungs-armen** Feuchteanalyse an und in Baustoffen. Die Messgeräte verfügen über einen Sensor, der bei der hygrometrischen Messung im Inneren von Bautei-len in ein hierfür herzustellendes Bohrloch geschoben wird, dessen Durch-messer etwas größer als der des Sensors sein sollte. Es wird die **relative Luftfeuchte** in den Kapillarporen eines Baustoffs oder in den Hohlräumen einer Baukonstruktion gemessen. Die hygrometrische Messung wird auch als Luftfeuchteausgleichsverfahren bezeichnet.

Die Grundlage dieses Verfahrens basiert darauf, dass poröse Baustoffe in Wechselwirkung mit der Umgebungsluft stehen. Steigt die relative Luft-feuchte in einem Raum, so steigt auch die Feuchte im Baustoff. Nach einem gewissen Zeitraum stellt sich ein **Gleichgewichtszustand** (die Ausgleichs-feuchte) ein, bei dem der poröse Baustoff eine bestimmte Menge an Wasser aufweist (siehe Kapitel 2.1.4). Die Zeitspanne, in der dies geschieht, ist stoffspezifisch unterschiedlich. Die relative Luftfeuchte in dem Porensystem des jeweiligen Baustoffs erreicht im Gleichgewichtszustand einen bestimm-ten Wert, der sich dann nur durch äußere Einflüsse verändert. Über die Sorptionsisotherme dieses Baustoffs, die dessen Wassergehalt u in Masse-prozent in Beziehung zur relativen Luftfeuchte φ in Prozent setzt (siehe Kapitel 2.1.4), lässt sich der Wassergehalt im Baustoff ermitteln. Für diese Ermittlung muss es für den zu beurteilenden Baustoff eine bekannte Sorpti-onsisotherme geben.

In der Praxis werden Sorptionsisothermen jedoch selten benutzt. Vielmehr wird die relative Feuchte in einem Baustoff gemessen und darüber abgeleitet, ob eine Durchfeuchtung vorliegt oder nicht. Die relative Luftfeuchte in dem Porensystem eines porösen Baustoffs lässt sich mit dem über das nach außen hin abgedichtete Bohrloch in den Baustoff eingeführten Sensor des hygro-metrischen Messgerätes ermitteln. Wird eine relative Luftfeuchte gemessen, die oberhalb der Ausgleichsfeuchte liegt, weist dies darauf hin, dass eine erhöhte Stofffeuchte vorliegt. Hygroskopische Ausgleichsfeuchten unter-schiedlicher Baustoffe sind in dem WTA-Merkblatt 4-5-99/D „Beurteilung von Mauerwerk – Mauerwerksdiagnostik" (2015) aufgeführt (Tabelle 3.2).

Bei der Bestimmung der Durchfeuchtung von Mauerwerk, Beton, Estrich oder Putz sollte das Bohrloch für den Sensor mindestens 30 Minuten lang verschlossen werden, damit sich darin die Ausgleichsfeuchte einstellen kann, die auch in den Kapillarporen des Baustoffs vorherrscht. Nach Ablauf der Wartezeit wird der Sensor (vorsichtig) in das Bohrloch geführt und die rela-tive Feuchte kann abgelesen werden. Teilweise wird mit der hygrometrischen Messung auch die Feuchte unter schwimmenden Estrichen geprüft (Abb. 3.32).

Abb. 3.32: Hygrometrische Messung der relativen Luftfeuchte und der Lufttemperatur in einem Bohrloch zur Kontrolle einer Estrichdämmschichttrocknung (Quelle: M. Resch)

Tabelle 3.2: Hygroskopische Ausgleichsfeuchten unterschiedlicher Baustoffe (Quelle: nach WTA-Merkblatt 4-5-99/D „Beurteilung von Mauerwerk – Mauerwerksdiagnostik" [2015], 10 Anhang)

Baustoff	hygroskopische Ausgleichsfeuchte in Masse-% (entsprechende realtive Luftfeuchte [rel. LF]	
historische Vollziegel	< 2 bis 3 (75 % rel. LF)	
Vollziegel (Rohdichte 1.900 kg/m³)	< 1 (80 % rel. LF)	
porosierter Hochlochziegel (Rohdichte 800 kg/m³)	0,75 (80 % rel. LF)	
Kalkputz, -mörtel	< 0,5 (75 % rel. LF)	
Kalkzementputz	< 1,5 (75 % rel. LF)	
Kalksandstein (Rohdichte 1.900 kg/m³)	1,3 (80 % rel. LF)	
vulkanischer Tuff (Kassel)	< 6 (75 % rel. LF)	< 10 (95 % rel. LF)
Rheinischer Tuff	< 2 (75 % rel. LF)	< 4 (95 % rel. LF)
toniger Sandstein	< 1,3 (75 % rel. LF)	< 2 (95 % rel. LF)
quarzitischer Sandstein		< 0,2 (95 % rel. LF)
karbonatischer Sandstein	< 0,8 (75 % rel. LF)	< 1,3 (95 % rel. LF)
Granit	< 0,1 (75 % rel. LF)	< 0,2 (95 % rel. LF)
Marmor	< 0,01 (75 % rel. LF)	< 0,05 (95 % rel. LF)

Abb. 3.33: Hygrometrische Messung der relativen Luftfeuchte und der Lufttemperatur in einer Fußbodenkonstruktion (Quelle: M. Resch)

Die gleiche Vorgehensweise gilt für hygrometrische Messungen in **Hohlräumen**, z. B. in Holzbalkendecken, Leichtbauwänden oder Hohlraumböden. Ein entsprechendes Loch wird in die Konstruktion gebohrt und anschließend wird der Sensor in die Bohrung geführt (Abb. 3.33). Dabei ist zu beachten, dass die empfindliche Elektronik nicht beschädigt oder nass wird.

Die Bestimmung der Porenluftfeuchte kann auch für die Ermittlung einer **zweidimensionalen Feuchteverteilung** innerhalb einer Fläche, z. B. einer Wandfläche, angewendet werden.

Für die Ermittlung einer **dreidimensionalen Feuchteverteilung**, bei der zusätzlich die Feuchteverteilung innerhalb eines Bauteilquerschnitts, z. B. eines Wandquerschnitts, betrachtet wird, werden unterschiedlich tiefe benachbarte Bohrlöcher in das zu untersuchende Bauteil gesetzt. Der Sensor wird in das jeweilige Bohrloch eingebracht und nach außen hin zur Raumluft mit Plastilin hermetisch abgedichtet. Bei der anschließenden Messung ist allerdings zu beachten, dass das Ergebnis in einem z. B. 40 cm tiefen Bohrloch nicht ausschließlich die Feuchte in 40 cm Tiefe anzeigt, sondern den Mittelwert im gesamten Bohrloch, also eines Bereichs von 0 cm bis 40 cm Bohrlochtiefe. Wenn sich in dem Bauteilquerschnitt bis zu der Bohrlochtiefe unterschiedlich feuchte Zonen befinden, durch die das Bohrloch hindurch verläuft, wird sich innerhalb dieser Zonen aufgrund des Ausgleichsbestrebens des Wasserdampfpartialdrucks (siehe Kapitel 2.1.2) allmählich der Wasserdampfgehalt einstellen, der der Zone mit dem größten Feuchtegehalt entspricht. Insofern ist die hygrometrische Messung für die Ermittlung einer dreidimensionalen Feuchteverteilung nur bedingt geeignet und liefert in verschiedenen Tiefen des Bauteilquerschnitts allenfalls orientierende Hinweise auf die Lage der Zonen mit dem höchsten Feuchtegehalt, nicht aber den genauen Wert der relativen Luftfeuchte an einer bestimmten Stelle.

Um nach einzelnen Bauteilzonen getrennte Werte zu erhalten, müsste in den oberen Teil des Bohrlochs ein wasserdampfdichtes Röhrchen eingeschoben werden, dessen Außenseite so exakt mit dem Bohrlochdurchmesser übereinstimmt, dass die Kapillarporen des Bohrlochs gegen eine Wasserdampfwanderung abgedichtet werden. Nur dann besteht die Möglichkeit, den Luftfeuchtegehalt in einer bestimmten Bohrlochtiefe exakt und ohne die Einflüsse der oberen Zonen zu ermitteln.

Für die Praxis bedeutet dies, dass sinnvolle **Untersuchungszonen** für die **Tiefenmessung** festgelegt werden müssen, die für jedes Bohrloch innerhalb der Bauteilfläche einheitliche Tiefenabmessungen aufweisen. Bei einer 36,5 cm dicken Ziegelsteinwand könnten solche sinnvollen Zonen z. B. sein:

- Zone 1: 0 bis 10 cm,
- Zone 2: 10 bis 20 cm und
- Zone 3: 20 bis 30 cm.

Da die relative Luftfeuchte temperaturabhängig ist und die Temperatur innerhalb des Bauteilquerschnitts variiert, müssen die am Gerät abgelesenen Messergebnisse in den Wert der absoluten Luftfeuchte umgerechnet werden, um weitere Berechnungen durchführen zu können.

> **Hinweis**
>
> In den skandinavischen Ländern und in den USA wird dieses Verfahren seit Jahren zur Bestimmung der Restfeuchte in Betonbauteilen erfolgreich eingesetzt. Beim Betonieren werden Messhülsen mit bestimmten Längen – abhängig von der Bauteilstärke – eingesetzt. Für die Messung wird die Membrane am Kopf der Messhülse durchstoßen und die relative Feuchte in der Hülse gemessen. Mithilfe von Sorptionsisothermen lässt sich anschließend die Restfeuchte in Masse-% ablesen.

Neben der Messung der Feuchte im Inneren von Bauteilen kann mit der hygrometrischen Messung auch die Feuchte an Bauteiloberflächen und von Baustoffproben bestimmt werden. Bei der Messung der Feuchte an **Bauteiloberflächen** wird ein bestimmter Bereich der Oberfläche wasserdampfdicht abgeschottet und die sich innerhalb der Luft in dem abgeschotteten Bereich einstellende relative Luftfeuchte gemessen. Die Abschottung kann z. B. durch eine umlaufend abgeklebte Folie erfolgen oder durch ein seitlich zur Bauteiloberfläche hin offenes Prüfbehältnis mit einer Öffnung für den Sensor.

Bei der hygrometrischen Messung an **Baustoffproben** wird ein definiertes verschließbares Behältnis in der Form einer Prüfkammer eingesetzt, in das die Materialprobe eingelegt wird. Das Behältnis muss die Einführung des Sensors gestatten. Das Einwaagegewicht des Prüfkörpers, das Prüfkörpervolumen und das Volumen des Prüfbehälters müssen bekannt sein oder ermittelt werden.

3.1.4.6 Neutronensondenmessung

Die Neutronensondenmessung ist ein **zerstörungsfreies Verfahren** zur Feststellung von Durchfeuchtungen in mehrschichtigen Bauteilquerschnitten, bei denen sich die dielektrischen Messverfahren nicht anwenden lassen. Es wird überwiegend für **großflächige Untersuchungen** von Fußboden- und Flachdachkonstruktionen eingesetzt.

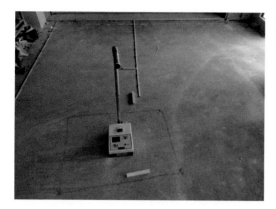

Abb. 3.34: Rastermessung mit einer Neutronensonde (Quelle: M. Resch)

Die Neutronensonde enthält einen radioaktiven Kern, der permanent schnelle Neutronen mit einer hohen kinetischen Energie in das zu untersuchende Bauteil einstrahlt. Treffen die Neutronen auf Wasserstoffmoleküle, geben sie einen Teil ihrer Energie ab und werden thermisch abgebremst, vergleichbar mit dem Zusammenstoß zweier Billardkugeln. Hierbei kommt es zu einer Rückstreuung der Neutronen, die von 2 in dem Gerät integrierten Zählrohren detektiert werden (Abb. 3.34). Je mehr **Feuchte** sich in dem zu untersuchenden Bauteil befindet, desto mehr **Rückstreuungen** gibt es; der Messwert steigt an.

Praxistipp

Bei dem Einsatz der Neutronensonde ist eine Rastermessung empfehlenswert. Das Rastermaß sollte zwischen 2 und 3 m liegen. Wenn das Messergebnis detaillierter sein soll, kann auch ein kleineres Rastermaß gewählt werden. Da es sich bei der Neutronensondenmessung nur um eine qualitative Messung handelt, sollte das zu untersuchende Bauteil oder die zu untersuchende Konstruktion nach der Messung – mindestens an einer Stelle – geöffnet werden, um weitere Untersuchungen durchführen und die ermittelten Messwerte interpretieren zu können.

Der Vorteil der Neutronensondenmessung liegt darin, dass sie sich unabhängig von der Bauteildicke bis zu einer Tiefe von 30 cm einsetzen lässt. Der Nachteil liegt darin, dass nicht angezeigt wird, in welcher Tiefe die Feuchte lokalisiert wurde.

Die Neutronensonde kann nicht durch Luft hindurch messen und benötigt somit immer einen direkten Kontakt zum Bauteil. Die Feuchteverteilung in der Dämmung einer Holzbalkendecke oder eines Kaltdachs kann deshalb nicht ermittelt werden. Bei diesen beiden Beispielen könnte lediglich die Feuchteverteilung in der Lattung bestimmt werden. Auch lässt sich mit der Neutronensonde kein stehendes (freies) Wasser detektieren, da es aufgrund der geringen Energie der Neutronen zu keiner thermischen Reaktion zwischen den schnellen Neutronen und Wasser kommt und somit auch zu keiner Rückstreuung. Wasser kann mit der Neutronensonde erst festgestellt werden, wenn es von einem Baustoff aufgenommen wurde.

Wegen dieser beiden Faktoren besteht bei dem Einsatz der Neutronensondenmessung das **Risiko** eines **falschen Negativbefundes**, das in der Praxis schon viele Fehlinterpretationen zur Folge hatte.

Hinweis

Wegen des radioaktiven Kerns der Neutronensonde müssen Anwendende gewisse Auflagen erfüllen. Benötigt werden

- eine Transport- und Umgangsgenehmigung (wird von der Bezirksregierung des Bundeslandes ausgestellt),
- eine ADR-Bescheinigung (ADR steht für „Accord européen relatif au transport international des marchandises dangereuses par route" [deutsch: „Europäisches Übereinkommen über die Beförderung gefährlicher Güter auf der Straße"]),
- eine Schulung für Gefahrgutfahrende (Aufbaukurs 7) sowie
- eine für Gefahrgut und eine für Strahlenschutz beauftragte Person in dem anwendenden Betrieb.

Die Schulungen für die ADR-Bescheinigung, der Aufbaukurs 7 und Lehrgänge für die Beauftragungen werden von privaten und öffentlichen Ausbildungszentren sowie von Fahrschulen angeboten. Nützliche und hilfreiche Informationen zur Beantragung der Genehmigungen finden sich unter www.troxler.de.

3.2 Schadenaufnahme

Für die Vorbereitung einer technischen Trocknung ist die Schadenaufnahme von zentraler Bedeutung. Sie sollte folgende Informationen enthalten, die bei dem ersten Ortstermin zu ermitteln sind:

- **Schadenanalyse:**
  - Ursache des Schadens (z. B. Rohrbruch, Hochwasser, Kondenswasser) und Status der Reparatur,
  - Vorschäden oder Materialschäden im Gebäude (Gesamteindruck),
  - Vorschäden oder Materialschäden an Bauteilen oder an der Einrichtung,
  - Bauteile und Räume, die betroffen sind,
  - Durchfeuchtungsgrade (Feuchtewerte) sowie Referenzwerte von schadenfreien Bauteilen,
  - raumphysikalische Parameter (relative Luftfeuchte und Lufttemperatur),
  - bauliche Veränderungen, wie An- oder Umbauten (meistens ein Hinweis auf die Verwendung verschiedener Materialien),
  - Größe der zu trocknenden Bereiche (Aufmaß),
  - Ursachen für Durchfeuchtungen, die nicht kausal mit dem Schadenereignis zusammenhängen (Mitteilungspflicht z. B. an Versicherungsunternehmen);

- **Materialanalyse:**
  - Beschaffenheit der betroffenen Bauteile in Bezug auf Alter und Material (z. B. Holz, Beton, Putz),
  - Wand und Bodenbeläge,
  - Ergebnis der Prüfung der Trocknungsfähigkeit der verbauten Materialien,
  - Ergebnis der Prüfung auf Gefahrstoffe (z. B. Asbest);
- **Vorarbeiten:**
  - Vorliegen einer Gefahr der Zerstörung von Bauteilen, Lebensmitteln, Geräten oder Inventar (z. B. Musikinstrumenten, Gemälden, Pflanzen) oder der Gefährdung von Haustieren durch die anstehende Trocknungsmaßnahme,
  - Notwendigkeit des Rückbaus von Bauteilen oder der Entfernung von fest verbauten Gegenständen (z. B. Sanitärobjekten) oder von Wand- und Bodenbelägen,
  - Notwendigkeit der Hinzuziehung weiterer Fachfirmen (z. B. Installations-, Malerei-, Schreinereifirmen);
- **Gefährdungsbeurteilung und Sicherheitsmaßnahmen** (siehe im Einzelnen Kapitel 3.3):
  - Ergebnis der Prüfung auf einen Befall durch Schimmelpilze, Bakterien oder Insekten (ggf. Notwendigkeit der Hinzuziehung einer fachkundigen oder sachverständigen Person),
  - Stromversorgung: Leitungsführung, Überlastungs- oder Kurzschlussgefahr,
  - Zugänglichkeit (ggf. Notwendigkeit der Räumung von Bereichen),
  - Notwendigkeit von Schutzvorrichtungen für das Baustellenteam oder für andere Personen in der Umgebung,
  - Ergebnis der Prüfung bei offenen Flammen (z. B. bei einem Kamin oder einer Gastherme), ob Abgase durch eine technische Trocknung (Änderung der Druckverhältnisse) bestimmungswidrig umgeleitet werden;
- **Geräte und deren Stromversorgung:**
  - Art der Trocknungsgeräte (z. B. Kondensationstrockner, Adsorptionstrockner, Ventilatoren) unter Berücksichtigung der Raumgrößen und raumphysikalischen Parameter,
  - Stromversorgung: Verfügbarkeit, Kapazität, Notwendigkeit einer externen Baustromversorgung;
- **Dokumentation:**
  - erste Erfassung von Messdaten vor Beginn der technischen Trocknung in einem Messprotokoll (siehe Kapitel 7.1.2),
  - Trocknungsbericht inklusive Fotos und Feststellung der Gegebenheiten vor Ort,
  - Kalkulation der zu erwartenden Kosten und Mitteilung an Auftraggeber (Angebot),
  - Aufklärung aller Beteiligten (geplante Maßnahmen, zu erwartende Einschränkungen, Dauer der geplanten Maßnahmen usw.).

Weitere Informationen und Vorlagen sind in der VdS-Richtlinie VdS 3150 „Richtlinien zur Leitungswasserschaden-Sanierung" (2018) und in dem WTA-Merkblatt 6-15 (2013) zu finden.

3.3   Gefährdungsbeurteilung

Eine grundsätzliche Gefährdungsbeurteilung muss von jedem Trocknungs-unternehmen aus Gründen des Arbeitsschutzes erstellt werden. Darin sind nach der systematischen Ermittlung aller Gefährdungen, denen die Mitarbeitenden während ihrer Tätigkeit ausgesetzt sind, diese Gefährdungen zu bewerten und erforderliche Sicherheitsmaßnahmen abzuleiten, die auf ihre Wirksamkeit überprüft werden müssen. Die Gefährdungsbeurteilung ist den Mitarbeitenden auszuhändigen und gemeinsam mit diesen zu besprechen. Der Erhalt sowie das Verständnis und die Befolgung des Inhalts der Gefähr-dungsbeurteilung ist von den Mitarbeitenden schriftlich zu bestätigen. Da es sich bei der technischen Trocknung um wiederkehrende Arbeiten handelt, reicht eine jährliche Wiederholungsunterweisung in der Regel aus.

Vor dem Beginn der Sanierung muss eine für die konkrete geplante techni-sche Trocknung unter Abwägung der zu erwartenden Gefahren durchge-führte Gefährdungsbeurteilung von dem Trocknungsunternehmen erstellt und schriftlich festgehalten werden. Die ausführenden trocknungstechni-schen Fachkräfte sind entsprechend zu instruieren.

In dieser Gefährdungsbeurteilung sollten zunächst das Objekt und die Per-son angegeben werden, die die Beurteilung durchgeführt hat (mit Datum und Unterschrift) sowie die Person, an die die Beurteilung übergeben wurde (mit Datum und Unterschrift). Außerdem sollte eine Beschreibung der Tä-tigkeiten bzw. Arbeiten erfolgen, z. B. der Aufstellung von Trocknungsgerä-ten oder des Anbohrens von Boden- oder Wandflächen für die technische Trocknung.

Gefahren können z. B. von **beschädigten Geräten** oder **Leitungen** ausgehen. Daher ist eine Sichtkontrolle der eingesetzten elektrischen Betriebsmittel, z. B. der Trockner, vor dem Einschalten auf Beschädigungen, z. B. des Ge-häuses oder der Leitungen, und Verunreinigungen durchzuführen. Elektri-sche Betriebsmittel müssen einen gültigen Aufkleber besitzen, der die Über-prüfung der Geräte nach den Unfallverhütungsvorschriften (UVV) anzeigt.

Bei Wasserschäden ist insbesondere die Gefahr einer **Kontamination durch Keime** zu berücksichtigen. Schimmelpilze, Bakterien und Viren sind in feuchten Milieus schnell präsent und können sich auf Wänden und Böden, in der Raumluft und auch in der Dämmschicht unterhalb von Estrichen befinden. Nach dem Leerpumpen der betroffenen Gebäude ist die Gefahr keinesfalls gebannt. Durch die Baustoffe (Nährboden) und die noch vorhan-dene Feuchte hat sich ein optimales Klima zur Entwicklung von Schimmel-pilzen, Bakterien und Viren gebildet. Davon können wesentliche Gefahren für die Gesundheit ausgehen.

Sporen von Schimmelpilzen sowie Bakterien und Viren sind letztendlich Partikel – also Feststoffe. Daher gilt bei Wasserschäden für die Schadenbe-sichtigung und für die Durchführung von Sanierungsmaßnahmen die Emp-fehlung, eine persönliche Schutzausrüstung (PSA) zu tragen, insbesondere eine FFP3-Maske, einen partikeldichten Einwegschutzanzug Kategorie III, Typ 5/6 (weiß), und Handschuhe. Es ist zu beachten, dass nach dem Ver-lassen der kontaminierten Bereiche zuerst der Anzug ausgezogen werden muss und danach die Atemschutzmaske. Ein sehr wirksamer Schutz vor Infektionen ist das regelmäßige und gründliche Händewaschen mit Seife. Arbeitskleidung bzw. Kleidung, die in den kontaminierten Bereichen getragen wurde, ist nach den Angaben in der Kleidung zu waschen.

Tabelle 3.3 stellt mögliche Gefährdungen und entsprechende Sicherheitsmaßnahmen für den Tätigkeitsbereich der technischen Trocknung in der Wasserschadensanierung zusammen. Die Tabelle erhebt keinen Anspruch auf Vollständigkeit und ist je nach Objekt und konkreten technischen Trocknungsmaßnahmen zu ergänzen.

Tabelle 3.3: Mögliche Gefährdungen und Sicherheitsmaßnahmen bei der technischen Trocknung in der Wasserschadensanierung

Gefährdung durch	technische Maßnahme	organisatorische Maßnahme	personenbezogene Maßnahme
freigesetzte Stäube oder Brandfolgeprodukte (Gefahr von Augenreizungen und/oder der Beeinträchtigung der Atmungsorgane)	staubarme Arbeitsverfahren auswählen	Arbeitsbereiche regelmäßig säubern; Stäube saugen, nicht kehren	bei Staubbildung – auch beim Saugen – Verwendung einer FFP3-Maske
Maßnahme durchgeführt/ kontrolliert:		Bemerkung/Datum:	
Kernlochbohrungen und Entlastungsöffnungen	Verwendung geeigneter Schlagbohrmaschinen und Zubehör	Bestimmung von Wasserleitungen, Stromleitungen und Leitungen für die Fußbodenheizung vor dem Bohren	–
Maßnahme durchgeführt/ kontrolliert:		Bemerkung/Datum:	
nicht abgesicherte Speisepunkte	Verwendung eines Baustromverteilers mit FI-Schalter, Auslösestrom < 30 mA	Unterweisung der Mitarbeitenden nach Betriebsanweisung „Elektrische Betriebsmittel auf Baustellen"	–
Maßnahme durchgeführt/ kontrolliert:		Bemerkung/Datum:	
beschädigte elektrische Geräte oder beschädigte elektrische Leitungen	regelmäßige UVV-Überprüfung der verwendeten Geräte; Sichtkontrolle vor Beginn der Arbeiten	Unterweisung der Mitarbeitenden nach Betriebsanweisung „Elektrische Betriebsmittel auf Baustellen"	–

Fortsetzung Tabelle 3.3

Gefährdung durch	technische Maßnahme	organisatorische Maßnahme	personenbezogene Maßnahme
Maßnahme durchgeführt/kontrolliert:		Bemerkung/Datum:	
Restfeuchte, z. B. Pfützen am Boden	Entfernen der Restfeuchte am Boden	elektrische Leitungen höher legen und befestigen	–
Maßnahme durchgeführt/kontrolliert:		Bemerkung/Datum:	
Stolperstellen durch verlegte elektrische Leitungen oder Trocknungsschläuche	–	Leitungen bzw. Schläuche so weit als möglich an den Wänden entlang legen; Leitungen in Schleifen verlegen	–
Maßnahme durchgeführt/kontrolliert:		Bemerkung/Datum:	
nicht vollständig abgerollte Kabeltrommeln	Kabeltrommel vollständig abrollen	–	–
Maßnahme durchgeführt/kontrolliert:		Bemerkung/Datum:	
unzureichende Beleuchtung	Räume ausreichend ausleuchten; in engen Räumen Kaltlichtstrahler verwenden	–	–
Maßnahme durchgeführt/kontrolliert:		Bemerkung/Datum:	
Verwendung eines Heißluftföhns (Gefahr von Verbrennungen)	nur UVV-überprüfte Geräte verwenden	Gerät nicht in feuchtem Zustand oder in feuchter Umgebung nutzen; nicht dauerhaft auf einen Punkt fixieren; nicht auf Menschen oder andere Lebewesen richten; Düse nicht zu nah an die zu erhitzende Fläche halten	dicht schließende Schutzbrille bei den Arbeiten tragen
Maßnahme durchgeführt/kontrolliert:		Bemerkung/Datum:	

Fortsetzung Tabelle 3.3

Gefährdung durch	technische Maßnahme	organisatorische Maßnahme	personenbezogene Maßnahme
Bakterien, Viren oder Schimmelpilze bei Wasserschäden	Staubabsaugung mit einem HEPA-Filter; Staubentwicklung vermeiden	Unterweisung der Mitarbeitenden nach Betriebsanweisung „Umgang mit biologischen Stoffen Gruppe 2" und/oder „Schimmelpilzsanierung in Innenräumen"	Schutzhandschuhe (gelb), Schutzbrille, Einwegschutzanzug Kategorie III, Typ 5/6, FFP3-Maske tragen; bei starkem Schimmelpilzbefall Mehrwegmaske mit P3-Filter tragen
Maßnahme durchgeführt/ kontrolliert:		Bemerkung/Datum:	
nicht ausreichend abgesicherte Leitung	–	Leistungsaufnahme der Geräte berücksichtigen	–
Maßnahme durchgeführt/ kontrolliert:		Bemerkung/Datum:	
Arbeiten auf Stand- oder Rollgerüsten	Aufbau und Änderungen nur durch fachkundige Personen, Gerüste mit dreiteiligem Seitenschutz verwenden	Nutzung der Gerüste nur nach Freigabe durch fachkundige Personen	–
Maßnahme durchgeführt/ kontrolliert:		Bemerkung/Datum:	
Arbeiten auf Leitern	alternativ Rollgerüste verwenden	Arbeiten auf Leitern nur zeitlich begrenzt (2 Stunden) und ohne schwere Arbeitsmittel ausführen	–
Maßnahme durchgeführt/ kontrolliert:		Bemerkung/Datum:	

Fortsetzung Tabelle 3.3

Gefährdung durch	technische Maßnahme	organisatorische Maßnahme	personenbezogene Maßnahme
Kippen und Rutschen von Leitern	Leitern mit ausreichender Länge verwenden; bei Stehleitern Spreizsicherung benutzen	Standsicherheit gewährleisten; richtigen Aufstellwinkel für Anlegeleitern (ca. 70°) beachten; Körperschwerpunkt (muss innerhalb der Leiterholme liegen) nicht nach außen verlagern, d. h., nicht die komplette Armlänge als Aktionsradius verwenden; bei Standleitern nicht auf oberster Sprosse stehen	–
Maßnahme durchgeführt/ kontrolliert:		Bemerkung/Datum:	

3.3.1 Sonderfall: Schimmelpilzbefall

Die bei Feuchte- und Wasserschäden vorliegende erhöhte Feuchte ist in Verbindung mit organischem Material die ideale Voraussetzung für das Wachstum von Schimmelpilzen. Bei der Schadenaufnahme gilt es, die ersten Anzeichen eines Schimmelpilzbefalls zu erkennen. Dabei geht es nicht nur um einen sichtbaren Befall, sondern auch um einen Befall, der sich **im Verborgenen** ausgebreitet hat, z. B. in Leichtbauwänden auf Gipskartonplatten. Hinweise auf einen Befall können auch olfaktorische Auffälligkeiten sein: Riecht es in dem betroffenen Objekt muffig oder sogar nach modrigem Kartoffelkeller, so sollte genauer hingesehen werden. Bei aufsteigender Feuchte an Wänden oder Gipskartonplatten sollte ggf. die Sockelleiste entfernt werden, um auf einen möglichen Befall prüfen zu können. Befindet sich auf der sichtbaren Seite einer Leichtbauwand schon ein Schimmelpilzbefall, so muss unbedingt in die Konstruktion hinein geschaut werden, um festzustellen, ob sich innen auch schon Schimmelpilze gebildet haben. Die geöffnete Stelle ist nach der Kontrolle wieder zu verschließen, damit die Sporen sich nicht weiterverbreiten können. Der sichtbare Befall ist als Erstmaßnahme zu binden bzw. zu maskieren.

Besteht der Verdacht, dass sich in einer Fußbodenkonstruktion mit einem **schwimmenden Estrich** bereits Schimmelpilze gebildet haben, sollte eine Materialprobe von dem Dämmstoff entnommen und zur Analyse an ein Labor geschickt werden. Damit die Schimmelpilze nicht weiterwachsen, ist es empfehlenswert, in der Zwischenzeit bereits mit der Estrichdämmschichttrocknung zu beginnen – allerdings nur im Unterdruck- bzw. Schiebe-Zug-

Verfahren (siehe Kapitel 5.2.2 und 5.2.4) unter Verwendung von HEPA-Filtern und weiteren Sicherheitsmaßnahmen.

Weiterführende Informationen liefern der „Leitfaden zur Vorbeugung, Erfassung und Sanierung von Schimmelbefall in Gebäuden" (2024) sowie die VdS-Richtlinie VdS 3151 „Richtlinien zur Schimmelpilzsanierung nach Leitungswasserschäden" (2020) in Verbindung mit der DGUV-Information 201-028 „Gesundheitsgefährdungen durch Biostoffe bei der Schimmelpilz-sanierung" (2022). Alle 3 genannten Publikationen helfen den Sanierenden beim Umgang mit und der Beseitigung von Schimmelpilzen in Innenräumen.

Dekontamination

Schimmelpilzbefall ist eines der häufigsten gesundheitlichen und hygienischen Probleme in Gebäuden und muss nach dem Vorsorgeprinzip fachgerecht beseitigt werden. Dabei sind die allgemeinen Grundsätze nach § 4 des Arbeitsschutzgesetzes vom 7. August 1996 zu berücksichtigen. Zur Vorgehensweise bei der Beseitigung eines kleineren und eines größeren Schimmelpilzbefalls bietet der „Leitfaden zur Vorbeugung, Erfassung und Sanierung von Schimmelbefall in Gebäuden" (2024; S. 129) ein übersichtliches Ablaufschema.

Bei allen Sanierungsmaßnahmen im Rahmen einer Schimmelpilzbeseitigung ist möglichst **staubarmes Arbeiten** empfohlen, um die Verteilung von Schimmelpilzsporen mit Staub über die Luft so gering wie möglich zu halten. In der DGUV-Information 201-028 (2022) wird eine Zuordnung von Tätigkeiten bei der Schimmelpilzsanierung zu Gefährdungsklassen in Abhängigkeit von der Exposition und der Dauer der Tätigkeit vorgenommen (DGUV-Information 201-028 [2022], S. 26). Ergänzend dazu werden für beispielhafte Tätigkeiten die zu erwartende Schimmelpilz- und Staubexposition angegeben (DGUV-Information 201-028 [2022], S. 54 ff.).

Desinfektion und Keimreduzierung

Zum Thema **Desinfektion** nimmt der „Leitfaden zur Vorbeugung, Erfassung und Sanierung von Schimmelbefall in Gebäuden" (2024) wie folgt Stellung:

„Anwendung von Bioziden bei Schimmelbefall in Räumen der Nutzungsklassen II und III

Bei Sanierung von mikrobiellen Schäden ist eine Biozidbehandlung grundsätzlich nicht notwendig, weil ungeeignet im Sinne einer sachgerechten Beseitigung der Biomasse und der Sanierung der Schadenursache.

Vom Vernebeln von Wirkstoffen in die Raumluft – außerhalb von unzugänglichen Hohlräumen – ist in jedem Fall abzuraten.

Im Einzelfall kann eine biozide Behandlung durch sofort abbauende Präparate wie Wasserstoffperoxid bei vermutetem Befall zur Verzögerung oder Verlangsamung des Wachstums an schwer zugänglichen Oberflächen akzeptabel sein.

Schimmelhemmende Wandfarben können nach einer Trocknung in Räumen der Nutzungsklasse III eingesetzt werden."
(Leitfaden zur Vorbeugung, Erfassung und Sanierung von Schimmelbefall in Gebäuden [2024], Infobox 16, S. 149)

Zur **Keimreduzierung** stellt der „Leitfaden zur Vorbeugung, Erfassung und Sanierung von Schimmelbefall in Gebäuden" (2024, S. 147) fest:

„6.4.1 Wirksamkeit von Bioziden bei Schimmelbefall

Die Wirksamkeit von Bioziden wird meist an definierten, aber praxisfernen Systemen im Labor getestet. Es gibt nur wenige systematische Arbeiten zur Wirkung von Bioziden bei Schimmelbefall unter praxisnahen Bedingungen auf Baumaterialien. Die Ergebnisse dieser Studien zeigen, dass unter praxisnahen Bedingungen in den meisten Fällen keine oder keine nachhaltige Wirkung durch Biozidbehandlung erreicht werden kann. Auch wenn nach der Biozidbehandlung die Konzentration kultivierbarer Schimmelpilze reduziert war, traten Wochen später wieder hohe Schimmelpilzkonzentrationen auf/in dem Material auf.

[...]

Eine Ausnahme stellt Wasserstoffperoxid [...] in hoher Konzentration (> 10 %) dar. Mit dieser Biozidbehandlung kann eine Abtötung von Schimmelpilzen und Bakterien erreicht werden. Dessen Einsatz bei Schimmelwachstum ist jedoch aufgrund der stark oxidierenden Wirkung auf und in den Materialien beschränkt; es können sich empfindliche Oberflächen verfärben."

3.3.2 Sonderfall: künstliche Mineralfasern (KMF)

Für den Umgang mit künstlichen Mineralfasern (Mineralwolle, Glaswolle, Steinwolle) ist eine gültige Vorsorgeuntersuchung der Mitarbeitenden nach den Grundsätzen der Verordnung zur arbeitsmedizinischen Vorsorge (ArbMedVV) vom 18. Dezember 2008 Voraussetzung. Bei Arbeiten mit einer größeren Staubentwicklung sind Mehrwegmasken mit P3-Filter oder besser Vollsichtmasken mit Gebläseunterstützung zu tragen. Die Mitarbeitenden müssen über eine gültige, jährlich zu wiederholende Atemschutzunterweisung verfügen. Tabelle 3.4 gibt einen Überblick über mögliche Gefährdungen und Sicherheitsmaßnahmen bei einem Vorliegen von künstlichen Mineralfasern.

Künstliche Mineralfasern, die vor dem 1. Juni 2000 hergestellt wurden, können krebserregend sein und werden als „alte Mineralwolle" bezeichnet. Nach dem 1. Juni 2000 hergestellte künstliche Mineralfasern („neue Mineralwolle") sind mit dem RAL-Gütezeichen gekennzeichnet. Kritische Fasern sind mit dem bloßen Auge nicht sichtbar. Liegen keine Informationen für die Beurteilung der Fasern vor, ist von „alter Mineralwolle", d. h. von einer Krebsgefahr, auszugehen. Dies bedeutet aber nicht, dass die eingebauten Produkte grundsätzlich entfernt werden müssen.

Tabelle 3.4: Mögliche Gefährdungen und Sicherheitsmaßnahmen bei dem Vorliegen künstlicher Mineralfasern

Gefährdung durch	technische Maßnahme	organisatorische Maßnahme	personenbezogene Maßnahme
Einatmen von KMF-Fasern	Industriesauger der Staubklasse H verwenden	Unterweisung der Mitarbeitenden nach Betriebsanweisung „Demontage und Montage von Mineralwolle-Dämmstoffen (Faserstäube, krebserzeugend)" bzw. „Demontage und Montage von Mineralwolle-Dämmstoffen (Faserstäube, frei von Krebsverdacht)"	Mehrwegmasken mit P3-Filter, besser Vollsichtmasken mit Gebläseunterstützung tragen
freigesetzte Fasern (mechanische Hautreizungen und Augenreizungen)	für gute Durchlüftung sorgen; Staubaufwirbeln vermeiden; Industriesauger der Staubklasse H verwenden		geschlossene Arbeitskleidung, dicht schließende Schutzbrille, Sicherheitsschuhe S3, Schutzhandschuhe tragen
Maßnahme durchgeführt/ kontrolliert:		Bemerkung/Datum:	
Schnittverletzungen	geeignetes Werkzeug auswählen	–	Schutzhandschuhe aus Leder tragen
Maßnahme durchgeführt/ kontrolliert:		Bemerkung/Datum:	

Bei dem Umgang mit künstlichen Mineralfasern ist die TRGS 521 „Abbruch-, Sanierungs- und Instandhaltungsarbeiten mit alter Mineralwolle" (2008) anzuwenden. In der TRGS 521 (2008) werden **3 Expositionskategorien** festgelegt, denen Arbeiten zuzuordnen sind. Für Arbeiten im Rahmen einer technischen Trocknung ist mindestens von der Expositionskategorie 2 auszugehen.

Expositionskategorie 1 liegt bei Tätigkeiten vor, die erfahrungsgemäß zu keiner oder nur einer sehr geringen Faserexposition (< 50.000 Fasern/m³) führen. Expositionskategorie 2 liegt bei Tätigkeiten vor, die eine geringe bis mittlere Faserexposition (zwischen 50.000 und 250.000 Fasern/ m³) hervorrufen. Expositionskategorie 3 liegt bei Tätigkeiten vor, die in der TRGS 521 nicht gelistet sind und damit eine höhere Faserexposition als 250.000 Fasern/m³ bewirken.

Arbeiten in Expositionskategorie 2:

- Arbeiten an Wärmedämm-Verbundsystemen oder vergleichbaren Systemen mit Freilegen des Dämmstoffs bei Demontage/Remontage des Dämmstoffs
- Arbeiten an Innenwänden (Trennwänden, Vorsatzschalen) mit Demontage/Remontage des Dämmstoffs

- Arbeiten an Deckenbekleidungen und Unterdecken mit Demontage/Remontage des Dämmstoffs
- Arbeiten an schwimmend verlegten Estrichen mit Demontage/Remontage des Dämmstoffs

Sicherheitsmaßnahmen in Expositionskategorie 2:

- technische Maßnahmen zur Faserstaubminimierung ergreifen
- verpackte Dämmstoffe erst am Arbeitsplatz auspacken
- Material nicht werfen
- keine schnell laufenden motorbetriebenen Sägen ohne Absaugung verwenden
- auf fester Unterlage mit einem Messer oder einer Schere schneiden, nicht reißen
- für gute Durchlüftung am Arbeitsplatz sorgen
- das Aufwirbeln von Staub vermeiden
- nicht mit Druckluft abblasen
- staubsaugen statt kehren
- Arbeitsplatz sauber halten und regelmäßig reinigen
- Verschnitte und Abfälle sofort in Plastiksäcken oder Spannringdeckelfässern sammeln
- nach Beendigung der Arbeiten Staub mit Wasser abspülen
- geeignete Arbeitsverfahren auswählen
- Schutzhandschuhe aus Leder oder Kunststoff verwenden
- Einwegschutzanzug Kategorie III, Typ 5/6, verwenden
- dicht schließende Schutzbrille tragen
- Arbeitsbereiche abgrenzen und kennzeichnen
- Waschmöglichkeit vorsehen

Arbeiten in Expositionskategorie 3:

alle nicht in Expositionskategorie 2 aufgeführten Arbeiten mit hoher Faserfreisetzung

Sicherheitsmaßnahmen in Expositionskategorie 3:

- alle in Expositionskategorie 2 aufgeführten Maßnahmen
- Schleusen bauen
- getrennte Umkleideräume für Straßen- und Arbeitskleidung vorsehen
- Waschraum mit Duschen bereithalten
- Vollsichtmasken mit Gebläseunterstützung (Filter P3) tragen

3.3.3 Sonderfall: Asbest

Vielen Baustoffen wurde früher Asbest zugefügt, um Eigenschaften wie Hitzebeständigkeit, Isolationsfähigkeit und eine besondere Elastizität trotz hoher Festigkeit des Baustoffs zu erreichen. Auch Putzen wurde Asbest zugeführt, um eine leichtere Verarbeitung zu ermöglichen. Im Grunde ist Asbest in mehr als 95 % der früher eingesetzten Baustoffe und Bauteile vorhanden, z. B. in Dämmstoffen, Heizkesseln, Ableitungsrohren, Bodenbelägen, Dacheindeckungen und Brandschutztüren.

Abb. 3.35: Einfache Abschottung gegen Staub – nicht ausreichend bei Arbeiten mit Gefahrstoffen (Quelle: U. Lademann)

Abb. 3.36: Professionelle Abschottung für Arbeiten mit Gefahrstoffen (Quelle: U. Lademann)

In Deutschland ist die Verwendung bzw. der Einsatz von Asbest mit dem Stichtag 31. Oktober 1993 verboten worden. Das bedeutet, dass Gebäude mit einem **Baujahr vor 1993**, so zu betrachten sind, dass Asbest generell vorhanden ist. In diesem Fall ist entsprechend der Gefahrstoffverordnung vom 26. November 2010 zu handeln, die gesetzliche Vorschriften zum Umgang mit Gefahrstoffen einschließlich Asbest enthält. Maßgeblich sind auch die **TRGS 519** „Technische Regeln für Gefahrstoffe. Asbest: Abbruch-, Sanierungs- oder Instandhaltungsarbeiten" (2014, i. d. F. vom 22. März 2022), die den sicheren Umgang mit Asbest und asbesthaltigen Materialien spezifisch behandeln und somit sicherstellen, dass Arbeiten mit diesem Gefahrstoff fach-, sachgerecht und verantwortungsvoll durchgeführt werden. Unter anderem werden in den TRGS 519 umfassend Sicherheitsmaßnahmen, Schulungen und regelmäßige Kontrollen beschrieben, die dabei helfen, die Gesundheit der Mitarbeitenden zu schützen und die Freisetzung von Asbestfasern weitestgehend zu minimieren. Zu den Sicherheitsmaßnahmen, die bei Arbeiten mit asbesthaltigen Materialien zu ergreifen sind, gehören z. B. professionelle Abschottungen, die über einfache Abschottungen gegen Staub hinausgehen (Abb. 3.35 und 3.36).

Bei allen Arbeiten in Gebäuden, in denen Asbest festgestellt wird bzw. bei denen ein Verdacht besteht, dass dieser Gefahrstoff vorhanden ist, sind die Regelungen der Gefahrstoffverordnung und der TRGS 519 (2014) daher unbedingt einzuhalten.

4 Gerätetechnik für die technische Trocknung in der Wasserschadensanierung

Für die Sanierung von Wasserschäden wird ein umfangreiches Portfolio verschiedener Geräte benötigt. Es wird unterschieden in

- Geräte, die die Luft entfeuchten (Kondenstrockner, Adsorptionstrockner),
- Geräte, die die entfeuchtete Luft leiten bzw. bewegen (Seitenkanalverdichter, Turbinen, Ventilatoren), und
- Geräte, die das durchfeuchtete Bauteil oder die Raumluft und das durchfeuchtete Bauteil erwärmen (Mikrowellentrockner, Heizstäbe, Infrarotheizplatten).

Zusätzlich werden noch Wasserabscheider für Seitenkanalverdichter und Turbinen benötigt, um die Geräte vor freiem Wasser in zu trocknenden Bauteilen zu schützen, sowie Filter, um bei einer technischen Trocknung Schadstoffe zu entfernen bzw. deren Freisetzung zu verhindern, sodass diese nicht in die Raumluft gelangen.

4.1 Kondenstrockner

Kondenstrockner sind **Luftentfeuchter**, die nach dem Kälte- oder auch Kondensationsprinzip arbeiten. Der Aufbau der Kondenstrockner gleicht dem eines Kühlschranks. Die Hauptbauteile sind das Kälteteil (Verdampfer), das Wärmeteil (Kondensator), der Kompressor und der Ventilator (Abb. 4.1).

Das **Kälteteil** besteht aus vielen Lamellen, die in der Summe eine große Kühlfläche ergeben. Die Größe des Kälteteils gibt Aufschluss darüber, wie hoch der Luftdurchsatz maximal sein kann bzw. darf, um eine effektive Entfeuchtung der Umgebungsluft zu erzielen. In den letzten Jahren sind die namhaften Hersteller von Kondenstrocknern dazu übergegangen, den Luftdurchsatz zu verringern, um dadurch die Entfeuchtungsleistung zu erhöhen, ohne die anderen Bauteile wesentlich zu verändern.

Einen entscheidenden Unterschied sowohl in der Qualität als auch im Preis von Kondenstrocknern macht die Art des Kompressors. Einfache Geräte verwenden einen **Hubkolbenkompressor**, robustere und baustellentaugliche Kondenstrockner verfügen über einen Rollkolbenkompressor. Bei einem Hubkolbenkompressor bewegt sich der Kolben von oben nach unten. Dabei umgibt ihn eine ölige Flüssigkeit, die verhindert, dass zu viel Reibung entsteht. So wie ein Kühlschrank sollte ein Kondenstrockner mit verbautem Hubkolbenkompressor möglichst senkrecht transportiert werden. Sollte das nicht gehen, muss das Gerät einen Tag stehen gelassen werden, bevor es eingeschaltet wird. Denn wenn ein Kühlschrank oder ein Kondenstrockner mit verbautem Hubkolbenkompressor gelegt wird, verteilt sich das Öl im Kolbenraum. Wird das Gerät dann eingeschaltet, bewegt sich der Kolben in

Abb. 4.1: Ansicht eines Kondenstrockners ohne Gehäuse – links mit Sicht auf den Ventilator und den Kompressor und rechts mit Sicht auf die Kälteeinheit (Quelle: W. Böttcher)

einem nicht ausreichend geschmierten Kolbenraum, was zu einer Beschädigung des Gerätes bis hin zu einem Totalschaden führen kann.

Baustellentaugliche Kondenstrockner haben deshalb einen **Rollkolbenkompressor**. Diese Geräte können nach dem Transport sofort in Betrieb genommen werden, auch wenn der Transport liegend erfolgte. Es ist jedoch auf die auf den Geräten angebrachten Aufstellhinweise der Hersteller zu achten.

Das **Funktionsprinzip** eines Kondenstrockners ist relativ einfach. Der Kompressor verdichtet ein ozonfreies Kältemittel. Die dadurch entstehende Wärme wird im Wärmeteil gespeichert. Von dort fließt das Kältemittel Richtung Kälteteil und wird über ein Expansionsventil in das Kälteteil geblasen. Durch den daraus resultierenden Energieentzug entsteht Kälte. Je nach Umgebungstemperatur können am Kälteteil auch Minustemperaturen erzeugt werden, was zur Vereisung des Kälteteils führen kann. Von dem Kälteteil fließt das Kältemittel wieder zurück in den Verdichter und der Prozess beginnt von vorn.

Kondenstrockner verfügen über unterschiedliche **Abtausysteme**. Bei den einfachen Kondenstrocknern wird der Abtauvorgang zeitlich gesteuert. In einem vorgegebenen Rhythmus schaltet eine Zeituhr den Kompressor aus und die Umgebungstemperatur taut das Kälteteil ab. In der Regel beträgt das Verhältnis von Einschalt- zu Abschaltphase 2 Drittel zu einem Drittel. Dieses Abtausystem kann nicht erkennen, ob das Kälteteil tatsächlich vereist und eine Abtauung auch notwendig ist oder nicht. Das bedeutet, dass zeituhrgesteuerte Kondenstrockner den Entfeuchtungsvorgang möglicherweise unnötig unterbrechen.

Modernere Kondenstrockner haben eine temperaturgesteuerte Heißgasabtauung oder vereisen erst gar nicht. Ein Sensor am Kälteteil überwacht, ob Eis entsteht. Bei der Meldung „Eis" wird ein Ventil zwischen Wärme- und Kälteteil geöffnet und das Kälteteil taut ab. Sobald kein Eis mehr vorhanden ist, schließt das Ventil wieder und der Entfeuchtungsprozess läuft weiter.

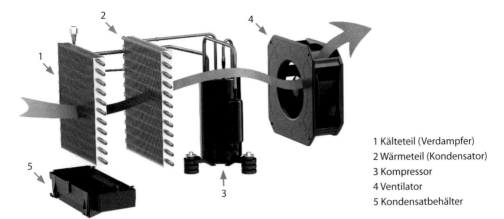

1 Kälteteil (Verdampfer)
2 Wärmeteil (Kondensator)
3 Kompressor
4 Ventilator
5 Kondensatbehälter

Abb. 4.2: Entfeuchtungsprozess bei einem Kondenstrockner (Quelle: Corroventa Entfeuchtung GmbH, Willich-Münchheide)

Somit wird der Abtauvorgang nur bei Bedarf durchgeführt und die Effektivität des Trockners gesteigert.

Der **Entfeuchtungsprozess** findet wie folgt statt (siehe Abb. 4.2): Feuchte Umgebungsluft wird durch den Ventilator angesaugt und über das Kälteteil geleitet. An dem Kälteteil kondensiert die Feuchte und wird in einem internen oder externen Kondensatbehälter (Auffangbehälter) gesammelt oder über eine integrierte Kondensatpumpe abgeführt. Anschließend wird die kalte und entfeuchtete Luft durch das Wärmeteil geführt und dadurch erwärmt. Das Ergebnis ist warme und entfeuchtete Luft, die wieder an die Umgebung abgegeben wird.

Vorteile des Einsatzes von Kondenstrocknern:

- geringer Energieverbrauch bei hohen Feuchtewerten
- gute Ventilation durch große Ventilatoren
- gute Eignung für die Bautrocknung und für Sofortmaßnahmen
- geringe Gefahr einer Übertrocknung

Nachteile des Einsatzes von Kondenstrocknern:

- Betrieb nur in geschlossenen Räumen
- relativ große und schwere Geräte (20 bis 50 kg)
- tägliche Leerung der Kondensatbehälter erforderlich
- Verteilung der Trockenluft über ein Schlauchsystem selten möglich
- schlechte Leistung bei Temperaturen unter 15 °C oder relativen Luftfeuchten unter 40 %
- kein Einsatz bei Temperaturen ab 35 °C möglich, da der Kompressor sonst überhitzt (automatische Abschaltung bei moderneren Geräten bereits vorgesehen)

Beispiel Dimensionierung

Ein Kondenstrockner sollte das zu trocknende Luftvolumen 3- bis 4-mal pro Stunde umwälzen (Luftwechselrate). Auf den Typenschildern von Kondenstrocknern ist die Luftmenge des verbauten Ventilators angegeben, in diesem Beispiel die Luftmenge (V) von 300 m³/h.

Bei einer geplanten 3-fachen Luftwechselrate und einer Raumhöhe von 2,5 m ist der Kondenstrockner für eine Fläche vom 40 m² ausreichend:

300 m³/h (Luftmenge) : 3 (Luftwechselrate) = 100 m³ (Rauminhalt),

100 m³ (Rauminhalt) : 2,5 m (Raumhöhe) = 40 m² (Fläche).

4.2   Adsorptionstrockner

Adsorptionstrockner sind **Luftentfeuchter**, die nach dem Prinzip der Adsorption arbeiten (Abb. 4.3). Bei diesem Prinzip binden sich Wassermoleküle an der Oberfläche eines Festkörpers. Das Herzstück eines jeden Adsorptionstrockners ist das **Sorptionsrad**, ein wabenartiges Rad, dessen Oberfläche mit Silicagel, Lithiumchlorid oder Aktivkohle beschichtet ist. Diese Beschichtungen sind in der Lage, der Luft Feuchte zu entziehen. Sie können die Feuchte schnell aufnehmen, an warme Luft ebenso schnell wieder abgeben und sind somit regenerierbar.

Die Funktion erfolgt in 2 Kreisläufen, die durch einen gemeinsamen Ventilator (Standard in der Wasserschadensanierung) oder durch 2 Ventilatoren realisiert werden können. Im ersten Kreislauf, dem **Prozesskreislauf**, wird feuchte Raum- oder Umgebungsluft angesaugt und an einer bestimmten Stelle im Gerät durch das Sorptionsrad hindurch geleitet. Hierbei entzieht dessen Beschichtung der angesaugten Luft die Feuchte. Der Großteil der getrockneten Luft wird durch einen Ventilator wieder an den Raum oder die Umgebungsluft abgegeben. Im zweiten Kreislauf, dem **Regenerationskreislauf**, wird durch den gleichen oder einen zweiten Ventilator ein kleiner Teil der getrockneten Luft im Gerät separiert und umgelenkt, über ein internes Heizelement erhitzt und wieder zurück durch das Sorptionsrad geführt (Abb. 4.4).

Hier wird das Prinzip genutzt, dass warme bzw. heiße Luft viel Feuchte aufnehmen kann. Die heiße Luft nimmt die Feuchte aus der Sorptionsradbeschichtung auf und wird über einen an das Gerät angeschlossenen Schlauch nach außen abtransportiert. Das Sorptionsrad wird mithilfe eines kleinen Motors ständig gedreht.

Abb. 4.3: Adsorptionstrockner
(Quelle: Trotec GmbH, Heinsberg)

1 Ventilator
2 Sorptionsrad
3 Heizelement

Abb. 4.4: Entfeuchtungsprozess bei einem Adsorptionstrockner (Quelle: Corroventa Entfeuchtung GmbH, Willich-Münchheide)

Hinweis

Achtung: Wird der Schlauch für die Regenerationsluft aus dem Raum hinausgeleitet (Standard), dann entsteht in dem Raum, in dem sich der Adsorptionstrockner befindet, ein kleiner Unterdruck. Wenn in dem gleichen Raum eine Heizungsanlage, eine Be- und Entlüftungsanlage oder ein Kamin vorhanden ist, dürfen diese während der technischen Trocknung nicht betrieben werden, da sich sonst durch den Unterdruck schädliche Gase im Raum anreichern können, die für **Mensch** und **Tier** eine **Gefahr** darstellen.

Vorteile des Einsatzes von Adsorptionstrocknern:

- flexible Luftverteilung über ein Schlauchsystem möglich
- bei Bedarf Produktion sehr trockener Luft mit 3 bis 8 % relativer Luftfeuchte
- temperatur- und feuchteunabhängiger Einsatz
- permanente Abführung der Feuchte
- kleine und leichte Geräte
- Eignung für Spezialtrocknungen, z. B. in Schächten, Folienzelten usw.

Nachteile des Einsatzes von Adsorptionstrocknern:

- Erforderlichkeit eines Regenerationsluftschlauchs (maximale Länge: 2 bis 3 m wegen Kondensatbildung im Schlauch)
- schlechte Einsetzbarkeit in geschlossenen Räumen
- Möglichkeit der Übertrocknung, Notwendigkeit eines Hygrostaten beim Vorhandensein von Holz oder Möbeln
- Erzeugung eines Unterdrucks im Raum durch die Regenerationsluft (Achtung bei Heizungsanlagen, Kaminen, Be- und Entlüftungsanlagen)

Beispiel Dimensionierung

Ein Adsorptionstrockner sollte das zu trocknende Luftvolumen 1- bis 2-mal pro Stunde umwälzen (Luftwechselrate). Auf den Typenschildern von Adsorptionstrocknern ist die Luftmenge des verbauten Ventilators angegeben, in diesem Beispiel die Luftmenge (V) von 300 m³/h.

Bei einer geplanten 2-fachen Luftwechselrate und einer Raumhöhe von 2,5 m ist der Adsorptionstrockner für eine Fläche vom 60 m² ausreichend:

300 m³/h (Luftmenge) : 2 (Luftwechselrate) = 150 m³ (Rauminhalt),

150 m³ (Rauminhalt) : 2,5 m (Raumhöhe) = 60 m² (Fläche).

4.3   Seitenkanalverdichter

Seitenkanalverdichter (SKV; Abb. 4.5), auch nur Verdichter genannt, wurden ursprünglich für Rohrpostsysteme oder zentrale Staubsaugersysteme entwickelt. Sie werden in der Wasserschadensanierung eingesetzt, um trockene Luft durch geschichtete Konstruktionen, wie z. B. Fußbodenaufbauten oder Wandkonstruktionen mit Dämmschicht, hindurch zu leiten. Dies kann im Unterdruck- oder im Überdruckverfahren erfolgen (siehe Kapitel 5.2.1 und 5.2.2). Befindet sich freies Wasser in den Konstruktionen, ist der Einsatz eines Wasserabscheiders (WA) zwingend notwendig (siehe Kapitel 4.5).

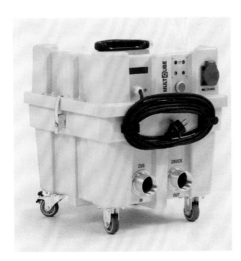

Abb. 4.5: Seitenkanalverdichter in einem schallgedämmten Gehäuse (Quellen: Trotec GmbH, Heinsberg)

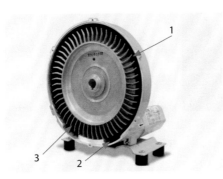

Abb. 4.6: Schnittbild eines Seitenkanalverdichters (Quelle: Trotec GmbH, Heinsberg

1 Durch ein schnell rotierendes Verdichterrad wird Luft angesaugt.
2 Die Luft wird komprimiert und
3 anschließend durch Zentrifugalkraft nach außen gedrückt.

Das Herzstück eines jeden Seitenkanalverdichters ist das **Verdichterrad**, das meist aus Aluminium gefertigt ist. Links und rechts neben dem Verdichterrad befindet sich je ein **Luftkanal** (Abb. 4.6). Die **Prozessluft** (die Luft, die an dem Trocknungsprozess beteiligt ist) wird über den einen Kanal angesaugt (Unterdruckseite) und über den anderen Kanal ausgeblasen (Überdruckseite). In Abb. 4.6 ist zwischen den beiden Kanälen unter dem Verdichterrad ein passgenauer Aluminiumblock zu erkennen. Der Spalt zwischen dem Verdichterrad und dem Aluminiumblock ist so minimal, dass gerade einmal ein Blatt Papier dazwischen passt. Dieses Spaltmaß ist ein Qualitätsmerkmal und entscheidet über die Höhe des Differenzdrucks.

Abb. 4.7: Schutzgitter eines Ansaug-kanals im Seitenkanalverdichter im sauberen Zustand (Quelle: M. Grammel)

Abb. 4.8: Stark verschmutztes Schutzgitter eines Ansaugkanals im Seitenkanalverdichter (Quelle: M. Grammel)

Praxistipp

Zum Schutz des Seitenkanalverdichters sollten in beiden Kanälen Schutz-gitter verbaut sein (Abb. 4.7 und 4.8). Diese Schutzgitter müssen regel-mäßig von Verschmutzungen befreit werden, um die Leistungsfähigkeit des Seitenkanalverdichters zu gewährleisten. Nicht gereinigte Schutz-gitter verlängern die Trocknungszeit unnötig und können sogar bis zur Zerstörung des Seitenkanalverdichters führen.

Der häufigste Grund dafür, dass diese Gitter sich zusetzen, sind fehlende Filter oder Wasserabscheider im Unterdruck- oder Überdruckverfahren. Die Wasserabscheider separieren nicht nur flüssiges Wasser, sondern fil-tern auch Fremdkörper aus der angesaugten Luft.

Vorteile des Einsatzes von Seitenkanalverdichtern:

- Robustheit der Geräte
- einfache Reparatur der Geräte
- gute Leistung beim Einsatz im Überdruckverfahren

Abb. 4.9: Turbine (Quelle: M. Resch [links], Corroventa Entfeuchtung GmbH, Willich-Münchheide [rechts])

Nachteile des Einsatzes von Seitenkanalverdichtern:

- hohes Eigengewicht der Geräte
- verringerte Leistung (um ca. 20 %) beim Einsatz im Unterdruckverfahren
- Regelung der Leistung nicht möglich

Praxistipp

Seitenkanalverdichter gibt es in unterschiedlichen Leistungsgrößen. Die Leistungsgröße muss entsprechend der Schadenfläche oder dem zu trocknenden Volumen ausgewählt werden. Hierzu sind die Informationen und Hinweise der einzelnen Hersteller zu beachten. Ferner sollten Geräteeinweisungen erfolgen.

4.4 Turbinen

Turbinen (Abb. 4.9) werden wie Seitenkanalverdichter eingesetzt, um trockene Luft durch geschichtete Konstruktionen, wie z. B. Fußbodenaufbauten oder Wandkonstruktionen mit Dämmschicht, hindurch zu leiten. Wegen der filigranen Gerätekonstruktion ist das **Vorfiltern** der angesaugten Prozessluft mit Filtern oder Wasserabscheidern beim Einsatz von Turbinen zwingend erforderlich.

Turbinen haben eine deutlich höhere Umdrehungsgeschwindigkeit als Seitenkanalverdichter. Sie sind speziell für den Einsatz im **Unterdruckverfahren** weiterentwickelt worden und haben sich in den letzten Jahren aufgrund ihres geringen Gewichtes und ihrer Regelbarkeit der Leistung in der Wasserschadensanierung durchgesetzt. Turbinen weisen auch einen stabileren Differenzdruck auf und sind somit leistungsfähiger als Seitenkanalverdichter, gerade bei der Anwendung im Unterdruckverfahren.

Vorteile des Einsatzes von Turbinen:

- geringes Gewicht der Geräte
- hohe Leistung im Unterdruckverfahren
- Regelbarkeit der Leistung (je nach Hersteller in Stufen oder stufenlos)

Nachteile des Einsatzes von Turbinen:

- hohe Empfindlichkeit gegenüber freiem Wasser und Fremdkörpern – deshalb Einsatz nur mit einem Vorfilter möglich
- Reparatur der Geräte nur beschränkt möglich
- geringere Lebensdauer als Seitenkanalverdichter

Praxistipp

Der Einsatz von Turbinen muss unter Beachtung der Informationen der Hersteller in ihrer Leistung an die Schadenfläche oder das zu trocknende Volumen angepasst erfolgen. Außerdem sind Geräteeinweisungen vorzunehmen.

4.5   Wasserabscheider

Wasserabscheider werden vor Turbinen und Seitenkanalverdichtern im Unterdruckverfahren eingesetzt. Aufgrund des Unterdrucks wird frei verfügbares Wasser angesaugt und im Wasserabscheider separiert. Somit strömt durch die Turbinen oder Seitenkanalverdichter nur noch feuchte Luft und der Geräteschutz ist gewährleistet. Einige Hersteller verbauen zusätzlich noch Partikelfilter (siehe hierzu Kapitel 4.6).

Ein Wasserabscheider füllt sich im Absaugvorgang mit Wasser und schaltet den gesamten Trocknungsvorgang bei einem vorgegebenen Füllstand automatisch ab. Erst nach dem Abschalten des Trocknungsvorgangs hat der Wasserabscheider die Möglichkeit, das angesammelte Wasser über eine im Gerät verbaute Pumpe zu entsorgen. Nach dem erfolgreichen Abpumpvorgang schaltet der Wasserabscheider die Trocknung automatisch wieder ein. Dieser Ablauf wird so oft wiederholt, bis sich kein freies Wasser mehr in der zu trocknenden Konstruktion befindet. Danach verläuft der Trocknungsvorgang ohne Unterbrechungen.

Ist **stehendes Wasser** in geschichteten Konstruktionen vorhanden, wie in Boden- oder Wandkonstruktionen mit Dämmschicht, ist bei der technischen Trocknung der Einsatz von einem Wasserabscheider vor jeder Turbine und jedem Seitenkanalverdichter zwingend notwendig, um eine Beschädigung der Geräte zu verhindern. Jeder Hersteller von Turbinen und Seitenkanalverdichtern bietet immer einen zu seinen Geräten passenden Wasserabscheider an (Abb. 4.10).

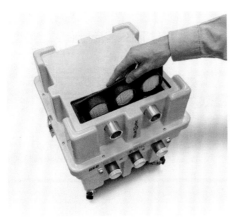

Abb. 4.10: Wasserabscheider (Quellen: Trotec GmbH, Heinsberg [oben]; Dantherm Group A/S, Skive, Dänemark [unten|])

Vorteile des Einsatzes von Wasserabscheidern:

- schnelle Entfernung von freiem Wasser innerhalb der Konstruktionen
- Schutz der nachgeschalteten Geräte (Turbinen und Seitenkanalverdichter)

Praxistipp

Es ist empfehlenswert, die von den Herstellern angebotenen, zu ihren Turbinen und Seitenkanalverdichtern passenden Wasserabscheider einzusetzen.

Wasserabscheider sammeln nicht nur flüssiges Wasser aus durchfeuchteten Bauteilkonstruktionen, sondern fungieren auch als Grobpartikelfilter zum Schutz von Turbinen und Seitenkanalverdichtern. Sie sollten deshalb immer verwendet werden.

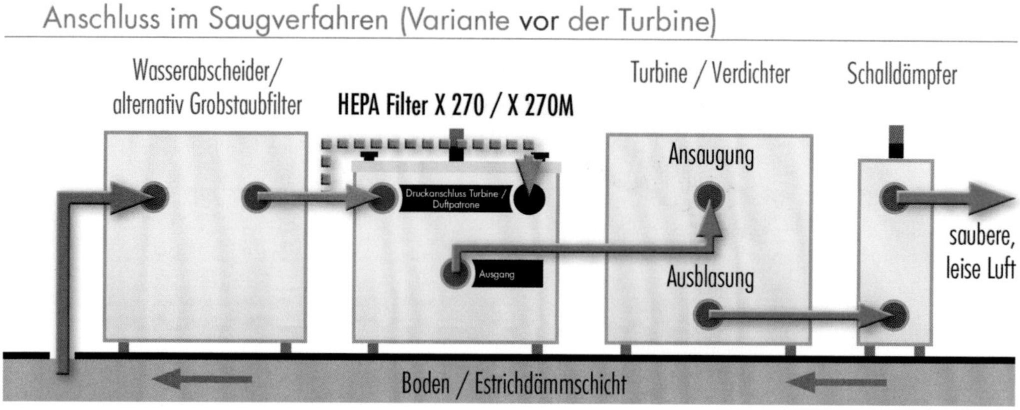

Anschluss im Saugverfahren (Variante **vor** der Turbine)

Abb. 4.11: Passives Filtersystem im Geräteaufbau bei einer Dämmschichttrocknung im Unterdruckverfahren (Quelle: Roters GmbH, Tönisvorst)

4.6   Filtersysteme

In der Wasserschadensanierung kommen verschiedene Filtersysteme zum Einsatz, um Verunreinigungen, Stäube, Chemikalien, Gerüche und Schadstoffe aus der Raumluft sicher zu entfernen und angrenzende Bereiche sowie Menschen und Tiere in der Umgebung vor einer möglichen Kontamination zu schützen. Liegen Schadstoffbelastungen vor, müssen Filtersysteme zum Schutz des Lebens von Menschen und Tieren zwingend eingesetzt werden.

Es gibt **passive Filtersysteme**, z. B. Filter, die in das Schlauchsystem des Geräteaufbaus bei einer Dämmschichttrocknung (Abb. 4.11) integriert werden (wie Wasserabscheider, siehe Kapitel 4.5), und **aktive Filtersysteme**, die in der Regel Ventilatoren mit einem vorgelagerten Filterelement umfassen. Aktive Filtersysteme werden z. B. als Raumluftfilter (Abb. 4.12) oder zur Unterdruckhaltung eingesetzt. Die Anordnung der einzelnen Filterelemente ist unbedingt nach den Vorgaben der Hersteller vorzunehmen.

Vorteile des Einsatzes von Filtersystemen:

- Unterbindung der Verteilung von Schadstoffen
- Gesundheitsschutz
- Geräteschutz

Die Filterklassen unterteilen sich in „G" für Grobstaubfilter bis „H" für HEPA-Filter (High-Efficiency-Particulate-Air-Filter) gemäß DIN EN ISO 16890-1 „Luftfilter für die allgemeine Raumlufttechnik – Teil 1: Technische Bestimmungen, Anforderungen und Effizienzklassifizierungssystem,

Abb. 4.12: Raumluftfilter (Quelle: Roters GmbH, Tönisvorst)

basierend auf dem Feinstaubabscheidegrad (ePM)" (2017) bzw. bis „U"
für ULPA-Filter (Ultra-Low-Penetration-Air-Filter) nach DIN EN 1822-1
„Schwebstofffilter (EPA, HEPA und ULPA) – Teil 1: Klassifikation, Leistungsprüfung, Kennzeichnung" (2019).

Grobstaubfilter (Filterklasse G) werden für Partikel > 10 μm, Feinstaubfilter
(Filterklassen M und F) für Partikel mit einer Größe von 1 bis 10 μm und
Schwebstofffilter (Filterklassen E, H und U) für Partikel < 1 μm verwendet.
Je höher die eingesetzte Filterklasse ist, desto geringer wird der Luftdurch-
satz und damit das Luft-/Raumvolumen, das sich mit dem Filter reinigen
lässt.

Praxistipp

Es ist darauf zu achten, dass die Filterelemente zu der zu bewegenden
Luftmenge passen. Es dürfen nur zertifizierte Filter eingesetzt werden.
Schadstofffilter sind nach dem Einsatz an dem Einsatzort luftdicht zu ver-
packen und müssen nach den gesetzlichen Richtlinien entsorgt werden
(z. B. nach dem Kreislaufwirtschaftsgesetz vom 24. Februar 2012 und der
Abfallverzeichnis-Verordnung vom 10. Dezember 2001).

Abb. 4.13: Axialventilator (Quelle: Corroventa Entfeuchtung GmbH)

4.7   Ventilatoren

Ventilatoren werden in der Wasserschadensanierung eingesetzt, um die Luftzirkulation im Schadenbereich zu erhöhen. Sie unterstützen in einem hohen Maße die Verteilung der von dem Entfeuchtungsgerät produzierten Trockenluft im Raum und verkürzen somit die Trocknungszeiten erheblich. Durch die erhöhte Luftbewegung über den betroffenen Flächen wird ein schnellerer Abtransport der Feuchte an den Oberflächen der durch einen Wasserschaden geschädigten Bauteile erzielt.

Es wird zwischen Axialventilatoren und Radialventilatoren unterschieden (Abb. 4.13). Die **Axialventilatoren** werden in der Regel für die allgemeine Luftverteilung im Raum eingesetzt. **Radialventilatoren** sind je nach Gehäusekonstruktion u. a. in der Lage, Luft über angeschlossene Schläuche in Schächte oder abgehängte Decken zu leiten. So werden auch schwer zugängliche Bereiche erreicht.

Vorteile des Einsatzes von Ventilatoren:

- Erhöhung der Luftzirkulation, dadurch schnellere Trocknung
- Möglichkeit des direkten Transports von Trockenluft mit speziellen Ventilatoren über Schläuche in den Schadenbereich (Schächte, abgehängte Decken usw.)

Praxistipp

Ventilatoren gehören zum Standard bei der technischen Trocknung. Ein Ventilator pro Trocknungsgerät ist empfehlenswert. Wenn das Trocknungsgerät den Beispielen in den Kapiteln 4.1 und 4.2 entsprechend dimensioniert wurde, ist es in der Regel sinnvoller, für größere Flächen einen zusätzlichen Ventilator statt eines weiteren Entfeuchtungsgerätes aufzustellen.

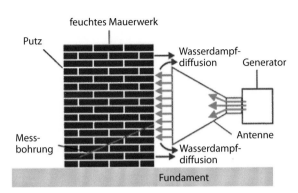

Abb. 4.14: Funktionsprinzip der Mikrowellentrocknung am Beispiel einer Wandtrocknung (Quelle: MTB)

4.8 Mikrowellentrockner

Die Mikrowellentrocknung hatte ihren Höhepunkt in der Zeit zwischen 1999 und 2004. Damals wurde von einer Revolution auf dem Trocknungsmarkt gesprochen; die herkömmliche Technik von Entfeuchtungsgeräten und Seitenkanalverdichtern sollte schon bald der Vergangenheit angehören. Was allerdings unterschätzt wurde, war das **Risiko** für **Menschen** und **Tiere**, das von der Mikrowellenstrahlung in diesem offenen System ausgehen kann. Im Gegensatz zu einer Küchenmikrowelle, in der die Strahlung in einem geschlossenen Raum erzeugt wird und nicht nach außen gelangen kann, sind Mikrowellentrockner sog. **offene Strahler**.

Die Mikrowellentrockner erzeugen mithilfe eines Magnetrons Mikrowellen, die über eine Antenne in das zu trocknende Bauteil gelenkt werden (Abb. 4.14 bis 4.16). Wassermoleküle reagieren aufgrund ihres Dipolcharakters auf das elektromagnetische Feld und es entsteht Wärme. Der partielle Dampfdruck erhöht sich und die Wasserdampfdiffusion wird verstärkt. Je mehr Wasser bzw. Feuchte in einem Bauteil oder Baustoff enthalten ist und je länger die Mikrowellenstrahlung eindringen kann, desto wärmer (heißer) wird es im Inneren des Bauteils oder Baustoffs. Es gehört daher sehr viel Erfahrung dazu, die Mikrowellentechnik zur Trocknung von durchfeuchteten Bauteilen oder Baustoffen einzusetzen, ohne diese zu zerstören. Nicht ohne Grund werden die Geräte nur an Anwendende verkauft, die einen Anwendungslehrgang zum sicheren Umgang mit Mikrowellentrocknern absolviert haben.

Die Gefährlichkeit bei der Mikrowellentrocknung besteht darin, dass die Mikrowellenstrahlung zwar von nassen Bauteilen oder Baustoffen reflektiert wird, sobald das bestrahlte Bauteil oder der bestrahlte Baustoff aber **ausgetrocknet** ist, kann die **Strahlung ungehindert** hindurch dringen und auf der anderen Seite Schäden, insbesondere Gesundheitsschäden bei Menschen und Tieren, verursachen. Weiterhin besteht die Gefahr, dass **Baustoffe übertrocknet** werden können und somit ihre Eigenschaften verlieren, wie

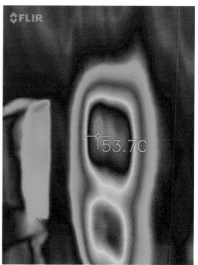

Abb. 4.15: Mikrowellentrocknung einer Wand; links Seitenansicht des Geräteaufbaus und rechts Thermogramm der Wand hinter dem Mikrowellentrockner (Quelle: M. Resch [links und rechts])

Abb. 4.16: Mikrowellentrocknung einer Wand; Rückansicht des Geräteaufbaus (Quelle: M. Resch)

z. B. ihre Festigkeit. Für den Einsatz von Mikrowellentrocknern gibt daher Sicherheits- und Anwendungsvorschriften, die unbedingt einzuhalten sind. Sollten gesetzliche Bestimmungen zum Gesundheits- und Arbeitsschutz nicht eingehalten werden können, darf dieses Verfahren nicht zum Einsatz kommen. Das gilt auch, wenn sich ein Einfluss auf elektronische Anlagen (z. B. in Krankenhäusern) nicht vermeiden lässt.

Sicherheitsmaßnahmen:

- Sicherung der rückwärtigen Bereiche gegen unkontrollierte Strahlung
- Messung der Strahlung in angrenzenden Bereichen
- den Aufenthalt von Personen mit Herzschrittmachern im Sicherheitsbereich ausschließen
- Einsatz des Gerätes nur durch geschultes Personal

Bei der Anwendung von Mikrowellentrocknern muss die Oberfläche des bestrahlten Bauteils diffusionsoffen sein, damit sich der entstehende Dampfdruckunterschied ausgleichen kann. Da die Wärmeentwicklung und die Wärmeleitung quantitativ von der Anwesenheit von Wassermolekülen abhängen, werden Effekte der Strahlung (z. B. eine Temperaturerhöhung) bei kapillargebundenem Wasser stärker, je mehr Wasser vorhanden ist. Baustoffe mit einem hohen Luftporenanteil und gipshaltige Baustoffe müssen besonders vorsichtig behandelt werden. Bei gipshaltigen Baustoffen ist ein Temperaturanstieg auf über 40 °C zu vermeiden. Außerdem ist zu verhindern, dass kristallin gebundenes Wasser aus dem Baustoff ausgetrieben wird.

Vorteile des Einsatzes von Mikrowellentrocknern:

- wesentliche Verkürzung der Zeitdauer der Trocknung von homogenen massiven Bauteilen und Baustoffen
- Dampfdruckerhöhung im gesamten Material, dadurch sehr schnelle und gleichmäßige Entfeuchtung des betroffenen Materials

Nachteile des Einsatzes von Mikrowellentrocknern:

- Belastung der Umwelt durch Mikrowellenstrahlung
- Notwendigkeit von speziell geschultem Personal
- Gefahr der Übertrocknung, dadurch Materialzerstörung möglich
- Erforderlichkeit der permanenten Betreuung während des Einsatzes
- Notwendigkeit umfangreicher Sicherungsmaßnahmen

Abb. 4.17: Mauerwerkstrocknung mit Heizstäben (Quelle: W. Böttcher [links und rechts])

4.9   Heizstäbe

Heizstäbe können für die Trocknung von massiven Bauteilen für begrenzte Abschnitte angewandt werden. Bei **geregelten Heizstäben** kann vorab eine Höchsttemperatur eingestellt werden, die nicht überschritten wird, um eine Überhitzung zu vermeiden (Abb. 4.17). Die Heizstäbe werden in einem Bohrlochraster (hierfür die Hinweise des Herstellers beachten) in das zu trocknende Bauteil eingebracht. Nach dem Einschalten der Heizstäbe wird das durchfeuchtete Bauteil erwärmt und das enthaltene flüssige Wasser vergrößert sein Volumen und wechselt in den gasförmigen Aggregatzustand. Dadurch steigt der Dampfdruck im Baustoff des Bauteils an und der Dampfdruckunterschied zur umgebenden Raumluft wird größer. Durch die Einbaulage und die Länge der Heizstäbe wird das beheizte Bauteil im Querschnitt gleichmäßig erwärmt. Auf diese Weise lässt sich das Bauteil von innen aufheizen, ohne dass zu starke lokale Überhitzungen auftreten. Die Aufheizung ist abhängig von der Heizleistung der Heizstäbe, die dem jeweiligen Bauteil angepasst werden kann.

Es muss gewährleistet sein, dass sich in dem Baustoff, der erwärmt werden soll, ausreichend Feuchte befindet. Baustoffe wie z. B. Gips, Lehm, Ton, Poroton- und Hohlkammersteine begrenzen die Einsatzmöglichkeiten ebenso wie Dampfdiffusionssperren und mehrschaliges Mauerwerk, da sie ein gleichmäßiges Aufheizen verhindern bzw. beeinträchtigen.

Vorteile des Einsatzes von Heizstäben:

● Einbringen der Wärme direkt in den geschädigten Bereich
● dadurch Beschleunigung des Trocknungsprozesses

Nachteile des Einsatzes von Heizstäben:

● Beschädigungen der Konstruktion durch Bohrlöcher
● hohe Energieintensivität
● Eignung nur für kleine Flächen
● Eignung nicht für alle Materialien

4.10   Infrarotheizplatten

Infrarotstrahlung ist eine nicht sichtbare elektromagnetische Strahlung, die im Wellenlängenbereich von 780 nm bis 1 mm liegt und in vielen verschiedenen Bereichen ihren Einsatz findet, z. B. in der Medizin, beim Militär, in der Kommunikationstechnik, im Wellnessbereich und in der Astronomie. Jeder Körper mit einer Temperatur oberhalb von –273 °C gibt Infrarotstrahlung ab. Die Sonne ist die bekannteste Quelle.

Sobald Infrarotstrahlung auf ein Objekt trifft, werden dessen Moleküle in Schwingung versetzt. Durch diesen Energieeintrag wird das bestrahlte Material erwärmt. Dieser physikalische Effekt wird in der Wasserschadensanierung für die partielle Bauteiltrocknung genutzt. Wasser absorbiert die Infrarotstrahlung besonders gut, sodass es an der Bauteiloberfläche schnell verdunstet. Durch Wärmeleitung gelangt die Wärme weiter in das Innere des Bauteils, wo die Trocknung dadurch ebenfalls voranschreitet.

Durch das Aufheizen der Bauteiloberfläche wird im ersten Trocknungsabschnitt das darin enthaltene Wasser verdampft und die Wirkung der Kapillarität setzt ein (siehe Kapitel 2.1.4). Das freie Wasser in den Poren des Baustoffs des Bauteils wird über die Kapillarkräfte an die Oberfläche transportiert. Ein zu schnelles Austrocknen der Bauteiloberfläche kann jedoch zu einer Unterbrechung des kapillaren Wassertransportes führen. Dann trocknet das Bauteil nur noch durch die langsame und energieaufwendige Dampfdiffusion. Ein wichtiger Baustein für eine energieeffiziente Trocknung ist es, die Wärme gezielt und ohne größere Verluste an die Umgebung auf das Bauteil zu fokussieren. Der kapillare Wassertransport wird dadurch so lange wie möglich aufrechterhalten und gleichzeitig wird auch die Trocknung massiver Bauteile ermöglicht. So lange noch freies Wasser in den Poren vorhanden ist, sollte die Unterbrechung des kapillaren Wassertransportes unbedingt vermieden werden. Dies kann durch eine geeignete Taktung der Aufheizzeit und der Abkühlzeit erfolgen. Der Wechsel zwischen Aufheizen und Abkühlen wird **Intervalltrocknung** genannt.

Bei **Standardinfrarotheizplatten** wird ein Intervall durch den Einsatz von Zeitschaltuhren erzeugt. Die Schwierigkeit besteht darin, geeignete Intervalle zu definieren. Jeder Baustoff nimmt die Infrarotstrahlung unterschiedlich auf und die entstandene Wärme an der Oberfläche wird je nach Baustoff unterschiedlich schnell in das Bauteil weitergeleitet. Aus diesem Grund müssen die Intervalle baustoffabhängig eingestellt werden, um eine schnelle und effiziente Trocknung zu ermöglichen. Dies stellt in der Praxis ein Problem dar, da es aktuell keine publizierten baustoffbezogenen Intervallempfehlungen gibt.

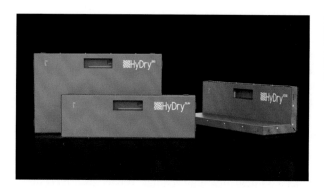

Abb. 4.18:
Sensorgesteuerte Infrarotheizplatten (Quelle: IRES Infrarot Energiesysteme GmbH, Karlsruhe)

Moderne Infrarotheizplatten detektieren über eine integrierte Sensorik die Temperatur der Bauteiloberfläche und steuern anhand der Messwerte die Aufheiz- und die Abkühlzeiten (Abb. 4.18). Diese Infrarotheizplatten sind energieeffizienter als die Standardinfrarotheizplatten und bewirken eine kürzere Trocknungszeit. Das Bauteil wird erwärmt, ohne zu überhitzen. Mit dem Voranschreiten des Trocknungsprozesses verkürzen sich die Aufheizzeiten und die Abkühlzeiten verlängern sich.

Praxistipp

Bei dem Einsatz von Infrarotheizplatten in Innenräumen ist es empfehlenswert, regelmäßig zu lüften oder zusätzlich ein Trocknungsgerät aufzustellen, um die aus dem Bauteil austretende Feuchte aus der Raumluft aufzunehmen.

Vorteile des Einsatzes von Infrarotheizplatten:

- keine Lärmemission
- einfacher Aufbau
- guter Wirkungsgrad bei gezieltem Einsatz
- Verfügbarkeit unterschiedlicher Plattengrößen
- vielseitige Einsetzbarkeit

Nachteile des Einsatzes von Infrarotheizplatten und Gefahren bei unsachgemäßem Einsatz:

- Einsatz nur für begrenzte Flächen
- hoher Energieverbrauch
- Brandgefahr
- Gefahr der Baustoffzerstörung durch thermische Spannungen

Abb. 4.19: Wandtrocknung mit Infrarotheizplatten; oben bei einer Ziegelwand und unten bei einer verputzten Wand (Quelle: M. Resch [oben und unten])

Abb. 4.20: Aufbaubeispiel einer Infrarotheizplatte mit Montagestützen (Quelle: Trotec GmbH, Heinsberg)

Vorteile sensorgesteuerter Infrarotheizplatten gegenüber Standardinfrarotheizplatten:

- geregelte Aufheiz- und Abkühlphasen, abhängig vom Baustoff und der vorliegenden Feuchte
- deutlich reduziert Brandgefahr durch Überwachung der Temperatur
- Energieeinsparung
- kürzere Trocknungszeit

Praxistipp

Bauteiloberflächen müssen diffusionsoffen sein, d. h., Tapeten, Farben, Fliesen oder andere diffusionshemmende Beschichtungen müssen vor der Trocknung entfernt werden.

Der Baustoff muss für die Trocknung mit Infrarotheizplatten geeignet sein. Gipshaltige Baustoffe können beschädigt werden. Lehm kann sich verschließen und verhindert dann die Diffusion. Außerdem sollten nur homogene Bauteile bestrahlt werden, da verschiedene Baustoffe unterschiedlich auf die Temperatur reagieren und so thermische Spannungen mit der Gefahr von Rissbildungen entstehen können.

Die von den Herstellern empfohlenen Mindestabstände zum Bauteil müssen eingehalten werden. Bei Standardinfrarotheizplatten sollten die Empfehlungen der Hersteller zum Wechsel zwischen Aufheizzeiten und Abkühlzeiten (Intervall) befolgt werden, damit es nicht zu einer Überhitzung der Oberfläche kommt. Wenn möglich, sollten sensorgesteuerte Infrarotheizplatten eingesetzt werden.

4.11   Fernsteuerungssysteme

Durch Fernsteuerungssysteme hat die Digitalisierung in der Wasserschadensanierung in den letzten Jahren Einzug gehalten. Die Hersteller bieten unterschiedliche Systeme an, die sich in der Umsetzung, der Ausstattung und den technischen Möglichkeiten deutlich voneinander unterscheiden (Abb. 4.21 und 4.22).

Eine intelligente Sensorik ermöglicht es, den **Trocknungsprozess** aus der **Ferne** zu **überwachen** sowie mittels verschiedener Trocknungsprogramme zu **regeln**. Bei Bedarf kann aus der Ferne Einfluss genommen werden. Sinnvoll sind Systeme, die zusätzlich den Stromverbrauch der angeschlossenen Trocknungsgeräte erfassen, sodass die Stromabrechnung deutlich vereinfacht wird.

Um auf Fernsteuerungssysteme zugreifen zu können, wird in der Regel eine cloudbasierte Software zur Verfügung gestellt, die über ein Handy, ein Tablet oder einen Computer bedienbar ist. Die Datenübertragung erfolgt über die Mobilfunkanbieter und kann kostenpflichtig sein.

Abb. 4.21: Fernsteuerungssystem ohne Fremdgeräte-kompatibilität (Quelle: Corroventa Entfeuchtung GmbH, Willich-Münchheide)

Abb. 4.22: Fernsteuerungssystem mit Fremdgeräte-kompatibilität (Quelle: IRES Infrarot Energiesysteme GmbH, Karlsruhe)

Vorteile des Einsatzes von Fernsteuerungssystemen:

- vollständiger Überblick über die Trocknungsdaten
- Einsparung von Zwischenmessungen (Kontrolle des Trocknungsverlaufs)
- automatische Information bei Stromausfällen
- schnelles Erkennen neuer Leckagen
- Energieeinsparung durch intelligente Trocknungsprogramme
- Steigerung der Effizienz
- volle Kontrolle des Trocknungsvorgangs
- Programmierbarkeit von Nachtabschaltungen
- Senkung der CO_2-Emission durch weniger Anfahrten und die Energieeinsparung
- besseres Zeitmanagement im Projektablauf
- übersichtliche Dokumentation des Trocknungsprozesses und des Energieverbrauchs

Nachteile des Einsatzes von Fernsteuerungssystemen:

- zusätzliche Investitionen (die sich jedoch nach kurzer Zeit amortisieren können)
- mögliche monatliche Kosten für die Datenübertragung
- fehlender persönlicher Kontakt zu den Geschädigten
- mögliche Bindung an den Hersteller (fehlende Fremdgerätekompatibilität)
- Notwendigkeit einer umfangreichen Einweisung, um die Systeme effektiv einsetzen und ihr Potenzial ausspielen zu können

Die genannten Vor- und Nachteile sind je nach Hersteller unterschiedlich stark ausgeprägt, weshalb sich ein Vergleich der angebotenen Technik lohnen kann.

5 Verfahren der technischen Trocknung in der Wasserschadensanierung

Bei der Sanierung von Wasserschäden kann eine technische Trocknung von Bauteilen bzw. Baukonstruktionen ohne Hohlräume und/oder Dämmschichten (auch als Oberflächen- oder Raumtrocknung bezeichnet) oder eine technische Trocknung von Bauteilen bzw. Baukonstruktionen mit Hohlräumen und/oder Dämmschichten erforderlich sein.

Um durchfeuchtete Bauteile bzw. Baukonstruktionen mit Hohlräumen und/oder Dämmschichten zu trocknen, gibt es **3 prinzipielle Trocknungsverfahren**:

- das Überdruckverfahren,
- das Unterdruckverfahren sowie
- das Hohlraumtrocknungsverfahren.

Oft ist es aus baulichen oder schadenbedingten Gründen notwendig, **Kombinationen** aus diesen Verfahren (z. B. das Schiebe-Zug-Verfahren, siehe Kapitel 5.2.4) oder **Abwandlungen** davon (Sonderverfahren, siehe Kapitel 5.2.5) einzusetzen.

Generell ist vor Beginn einer technischen Trocknung die **Belastung** der zu trocknenden Baustoffe, Bauteile oder Baukonstruktionen sowie ihrer Umgebung durch Schadstoffe und/oder Schimmelpilzbefall zu prüfen und entsprechend den gültigen Richtlinien, Merkblättern, Leitfäden und gesetzlichen Vorgaben zu verfahren (siehe Kapitel 3.3).

5.1 Trocknung von Bauteilen bzw. Baukonstruktionen ohne Hohlräume und/oder Dämmschichten

5.1.1 Raumtrocknung

Die Raumtrocknung findet Anwendung, wenn in einem Innenraum **große durchfeuchtete Flächen** (z. B. Wände, Decken, Fußböden) vorzufinden sind (Abb. 5.1 und 5.2). Bei dieser Trocknungsvariante muss das gesamte Luftvolumen im Raum entfeuchtet werden. Daher ist immer zu prüfen, ob eine Verkleinerung des Raumvolumens möglich ist (z. B. durch ein Folienzelt, siehe Kapitel 5.1.2). Es ist weiterhin empfehlenswert, feuchtempfindliches Inventar auszulagern, um Beschädigungen zu vermeiden.

Abb. 5.1: Anwendung einer Raumtrocknung (links); mehrere offene Räume (rechts) erfordern auch mehrere Trockner. (Quelle: M. Resch [links und rechts])

Abb. 5.2: Raumtrocknung mit einem Trockner hoher Entfeuchtungsleistung und externer Kondensatwanne (Quelle: M. Resch)

Die Raumtrocknung basiert auf dem **Ausgleichsbestreben** des **Wasserdampfpartialdrucks** (siehe Kapitel 2.1.2). Durch das Entfeuchten der Raumluft wird ein Dampfdruckunterschied zwischen der Raumluft und den durchfeuchteten Baustoffen hergestellt. Durch diesen Dampfdruckunterschied wird der Feuchtetransport von hohem Dampfdruck (durchfeuchtete Baustoffe) in Richtung niedrigem Dampfdruck (entfeuchtete Raumluft) angeregt. So lange die entfeuchtete Raumluft einen niedrigeren Dampfdruck als die Baustoffe aufweist, wandern die gasförmigen Wassermoleküle aus den feuchten Baustoffen in die trockenere Raumluft (Abb. 5.3 und 5.4). Somit sinkt der Feuchtegehalt in den Baustoffen.

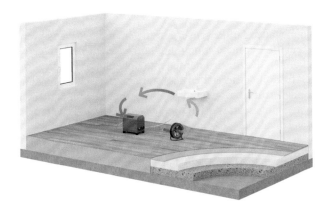

Abb. 5.3: Prinzip der Raumtrocknung mit einem Kondensationstrockner (mit Kondensatpumpe) und einem Ventilator (Quelle: Artus Beteiligungs GmbH, Isernhagen)

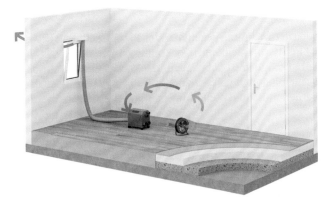

Abb. 5.4: Prinzip der Raumtrocknung mit einem Adsorptionstrockner und einem Ventilator (Quelle: Artus Beteiligungs GmbH, Isernhagen)

Praxistipp

Bauteiloberflächen müssen diffusionsoffen sein, d. h., Latexfarben, Fliesen, Tapeten oder andere diffusionshemmende Oberflächenbeschichtungen müssen vor der Raumtrocknung entfernt werden, damit der Dampfdruckausgleich stattfinden kann.

Hausrat (Pflanzen, Möbel usw.) ist zu entfernen. Die Trocknungsgeräte müssen nach dem Raumvolumen ausgewählt werden (siehe die Beispiele in Kapitel 4.1 und 4.2). Bei empfindlichen Materialien im Raum, wie z. B. Holz, und dem Einsatz von Adsorptionstrocknern ist die Verwendung eines Hygrostaten zwingend notwendig, um Materialschädigungen durch eine Übertrocknung auszuschließen. Auch alle weiteren Hinweise für den Einsatz von Trocknungsgeräten in Kapitel 4.1 und 4.2 sowie die Anwendungshinweise des Herstellers sind zu beachten.

5.1.2   Folienzelttrocknung

Die Folienzelttrocknung, auch Luftkissenverfahren genannt, wird angewendet, wenn **kleinere feuchte Bereiche** von größeren trockenen Bereichen abgegrenzt werden können. Dazu wird der feuchte Bereich mit Folien abgeklebt und so von den trockenen Bereichen abgetrennt. Zur Trocknung kann dann ein kleiner Kondenstrockner oder Adsorptionstrockner mit Schlauchanschlussmöglichkeiten eingesetzt werden. Beide Geräte leiten die erzeugte Trockenluft unter das Folienzelt.

Die Trockenluft muss gezwungen werden, die gesamte betroffene Fläche unter der Folie zu erreichen. Deshalb sollte die Trockenluft auf einer Seite eingeleitet werden und auf der gegenüberliegenden Seite wieder entweichen können (Abb. 5.5). Das Entweichen der eingeleiteten Trockenluft muss über eine Öffnung im Folienzelt gewährleistet werden. Die Größe der Trocknungsgeräte muss nach dem Luftvolumen ausgewählt werden, das sich unter der Folie befindet.

Die Vorteile der Folienzelttrocknung gegenüber der Raumtrocknung bestehen darin, dass der Einsatz von kleineren Trocknungsgeräten durch das kleinere Luftvolumen meist möglich ist (Abb. 5.6 und 5.7), was Energie einspart und weniger Geräuschemissionen verursacht, der Hausrat oft nicht aus den Räumen entfernt werden muss und die Räume häufig weiter genutzt werden können.

Praxistipp

Hausrat kann bei der Folienzelttrocknung häufig verbleiben. Die Bauteiloberflächen unter der Folie müssen wie bei der Raumtrocknung diffusionsoffen sein. Auch die weiteren Hinweise im Praxistipp in Kapitel 5.1.1 haben für die Folienzelttrocknung Geltung.

Abb. 5.5: Prinzip der Folienzelttrocknung mit einem Adsorptionstrockner ohne entfernten Hausrat (Quelle: Artus Beteiligungs GmbH, Isernhagen)

Abb. 5.6: Folienzelttrocknung mit einem Adsorptionstrockner (Quelle: Corroventa Entfeuchtung GmbH, Willich-Münchheide)

Abb. 5.7: Eine Folienzelttrocknung mit einem Adsorptionstrockner kann auch bei großen Räumlichkeiten angewendet werden. (Quelle: Corroventa Entfeuchtung GmbH, Willich-Münchheide)

Abb. 5.8: Schlauchverlegung bei einer Dämmschichttrocknung im Überdruckverfahren, die in einem Flur freie Laufwege gewährleistet (Quelle: Artus Beteiligungs GmbH, Isernhagen)

5.2   Trocknung von Bauteilen bzw. Baukonstruktionen mit Hohlräumen und/oder Dämmschichten

5.2.1   Überdruckverfahren

Bei der Trocknung im Überdruckverfahren wird entfeuchtete Luft durch eine Turbine oder einen Seitenkanalverdichter (siehe Kapitel 4.3 und 4.4) und entsprechende Schlauchsysteme über **Kernlochbohrungen** in die betroffenen Bereiche von **Dämmschichten eingeleitet** (Abb. 5.8 und 5.9). Damit die eingeleitete Luft auch wieder gezielt und kontrolliert aus der Konstruktion **entweichen** kann, müssen ausreichende **Entlastungsöffnungen** geschaffen werden (durch Öffnen der Randdämmstreifen und/oder Bohrungen, die die notwendigen Strömungsgeschwindigkeiten gewährleisten, siehe Kapitel 5.3). Im Verlauf der Durchströmung der Dämmschichten innerhalb der betroffenen Bereiche reichert sich die eingeleitete Trockenluft mit der sich in den Dämmschichten befindenden Feuchte an und entweicht über die Entlastungsöffnungen wieder in den Raum (Abb. 5.10). Die Trocknungsgeräte in dem Raum entfeuchten die Raumluft permanent, sodass sichergestellt ist, dass immer entfeuchtete Luft die Dämmschichten durchflutet.

Die Größe der Trocknungsgeräte muss nach dem zu trocknenden Luftvolumen, die Turbine oder der Seitenkanalverdichter muss für die entsprechende Fläche nach den Angaben des Herstellers ausgewählt werden.

Sollte **nur die Dämmschicht** betroffen sein, z. B. unter einem Estrich, wenn der Estrich selbst trocken ist, dann ist es empfehlenswert, die Trockenluft von einem Adsorptionstrockner über einen Schlauch direkt in die Turbine oder den Seitenkanalverdichter (Ansaugseite) zu leiten. Somit muss nicht das gesamte Raumluftvolumen entfeuchtet werden und die sehr trockene Luft aus dem Adsorptionstrockner wird direkt über die Turbine oder den Seitenkanalverdichter in die Dämmschicht eingeleitet. Daraus resultiert eine

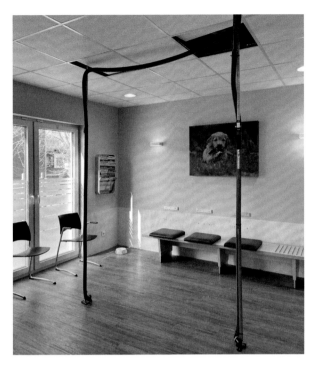

Abb. 5.9: Schlauchverlegung bei einer Dämmschichttrocknung im Überdruckverfahren zur Gewährleistung der Nutzung eines Warteraums (Quelle: Artus Beteiligungs GmbH, Isernhagen)

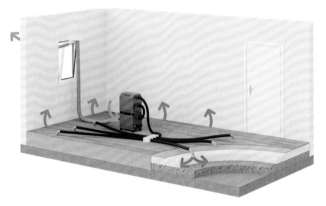

Abb. 5.10: Prinzip des Überdruckverfahrens (Quelle: Artus Beteiligungs GmbH, Isernhagen)

Trocknungszeitverkürzung und oft auch eine Energieeinsparung, da weniger oder kleinere Trocknungsgeräte benötigt werden. Wird die Trockenluft von einem Adsorptionstrockner in die Turbine oder den Seitenkanalverdichter geleitet, muss das Luftvolumen des Adsorptionstrockners gleich groß wie oder größer als das Luftvolumen der Turbine oder des Seitenkanalverdichters sein.

> **Praxistipp**
>
> Befindet sich stehendes Wasser in der Dämmschicht, ist dieses abzusaugen.
>
> Alle Hinweise für den Einsatz von Trocknungsgeräten in Kapitel 4.1 und 4.2 sowie die Anwendungshinweise der Hersteller sind zu beachten.

Bei dem Verfahren der Überdrucktrocknung gelangt die aus den Entlastungsöffnungen **entweichende Luft ungefiltert** in den von Menschen und Tieren bewohnten Raum. In dieser Luft könnten sich **schädliche Stoffe** (z. B. Schimmelpilzsporen, künstliche Mineralfasern) befinden, die lungengängig sind und dadurch zu einer gesundheitlichen Gefahr werden. Aktuell gibt es kein Verbot für das Überdruckverfahren. Es muss jedoch aufgrund der Gesundheitsgefahren, die das Verfahren birgt, ausdrücklich empfohlen werden, dieses Verfahren nur bei gesichert unbelasteten Hohlräumen und gesundheitlich unbedenklichen Baustoffen einzusetzen.

Wenn das Überdruckverfahren trotz ungesicherter Kenntnis der Belastung von Hohlräumen und gesundheitlicher Unbedenklichkeit von Baustoffen zum Einsatz kommen soll, ist es ratsam, Auftraggeber, Regulierende und Wasserschadengeschädigte über das Gefahrenpotenzial schriftlich zu informieren und aufzuklären.

> **Praxistipp**
>
> Aufgrund der Gefahr, dass sich gesundheitlich gefährliche Stoffe durch den Einsatz des Überdruckverfahrens ungehindert im Raum verteilen und von Menschen und Tieren aufgenommen werden können, ist es zu empfehlen, das Überdruckverfahren nicht anzuwenden, sondern das Unterdruckverfahren oder das Schiebe-Zug-Verfahren (siehe Kapitel 5.2.2 und 5.2.4) zu bevorzugen.

5.2.2 Unterdruckverfahren

Das Unterdruckverfahren stellt den **Stand der anerkannten Regeln der Technik** dar. Mit einem fachlich richtigen Aufbau wird im Unterdruckverfahren verhindert, dass sich gesundheitlich schädliche Stoffe, die in den zu trocknenden Baukonstruktionen vorkommen können, unkontrolliert im Raum ausbreiten.

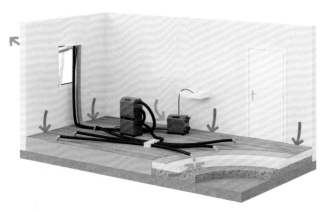

Abb. 5.11:
Prinzip des Unter-
druckverfahrens
(Quelle: Artus
Beteiligungs
GmbH, Isern-
hagen)

Bei dem Unterdruckverfahren wird die feuchte Luft über Bohrungen aus
der zu trocknenden Konstruktion mithilfe von Seitenkanalverdichtern oder
Turbinen abgesaugt, sodass trockene Luft entweder über vorhandene oder
herzustellende Entlastungsöffnungen (durch Öffnen der Randdämmstreifen
und/oder Bohrungen, die die notwendigen Strömungsgeschwindigkeiten
gewährleisten, siehe Kapitel 5.3) nachströmen kann und die Konstruktion
auf diese Weise trocknet (Abb. 5.11). Der allgemeine Trocknungsaufbau
ähnelt dem des Überdruckverfahrens. Auch hier nimmt die Trockenluft
während der Durchströmung die Feuchte aus der Dämmschicht auf. Nur die
Strömungsrichtung ist andersherum.

Die ausströmende Luft aus der Turbine bzw. dem Seitenkanalverdichter
beinhaltet die Feuchte aus der Dämmschicht und sollte möglichst aus dem
Raum nach außen geleitet werden, sodass sie nicht wieder durch das Trocknungsgerät entfeuchtet werden muss. Kann die Luft nicht nach außen geleitet werden, wird der Einsatz eines Schalldämpfers notwendig, da durch die
schnell aus der Turbine oder dem Seitenkanalverdichter ausströmende Luft
eine sehr hohe Lärmbelastung verursacht wird.

Die Größe der Trocknungsgeräte muss nach dem zu trocknenden Luftvolumen, die Turbine oder der Seitenkanalverdichter muss für die entsprechende
Fläche nach den Angaben des Herstellers ausgewählt werden.

Der Einsatz von **Wasserabscheidern** vor der Turbine oder dem Seitenkanalverdichter ist bei der Anwendung des Unterdruckverfahrens immer zu empfehlen. Es kann nie ausgeschlossen werden, dass sich freies Wasser in der
Konstruktion befindet, es muss aber immer verhindert werden, das freies
Wasser durch die Turbine oder den Seitenkanalverdichter gesaugt wird.

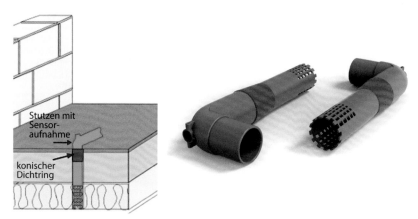

Abb. 5.12: Spezieller Bodenstutzen; links im Prinzip und rechts im Realbild (Quelle: IRES Infrarot Energiesysteme GmbH, Karlsruhe [links und rechts])

Abb. 5.13: Standard-L-Bodenstutzen, 50 mm (Quelle: Roters GmbH, Tönisvorst)

Da sich gesundheitlich schädliche Stoffe in der Konstruktion befinden können, sollte die angesaugte Luft vor der Turbine oder dem Seitenkanalverdichter durch verschiedene Filter (Grob-, Feinstaub- und/oder HEPA-H13-Filter) gereinigt werden. Bei der Trocknung von losen Schüttungen (z. B. Perlite) ist darauf zu achten, dass auf der Saugseite eine Vorrichtung installiert wird, die das Ansaugen der Schüttung verhindert, z. B. ein Sieb oder speziell dafür entwickelte Bodenstutzen (Abb. 5.12). Bei der Trocknung von anderen Dämmstoffen in Estrichdämmschichten werden Standardbodenstutzen verwendet (Abb. 5.13).

> **Praxistipp**
>
> Befindet sich stehendes Wasser in der Konstruktion, ist immer ein Wasserabscheider vor der Turbine oder dem Seitenkanalverdichter einzusetzen und die Bodenstutzen müssen bis auf den Rohfußboden reichen.
>
> Bei losen Schüttungen (z. B. Perlite) sind spezielle Filter oder Stutzen zu verwenden. Bei Bedarf sind zusätzliche Filter und Schalldämpfer einzusetzen.
>
> Die Anwendungshinweise der Hersteller müssen berücksichtigt werden. Für den Einsatz von Trocknungsgeräten sind alle Hinweise in Kapitel 4.1 und 4.2 zu beachten.

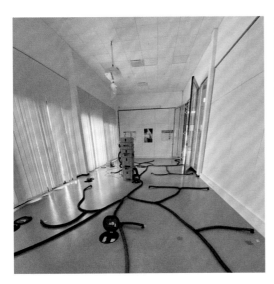

Abb. 5.14: Unterdruckverfahren zur Trocknung einer Dämmschicht mit Wasserabscheider, Turbine, Filter und Schalldämpfer (Quelle: Artus Beteiligungs GmbH, Isernhagen)

Abb. 5.15: Anwendung des Hohlraumtrocknungsverfahrens bei einer Decke (Quelle: M. Resch)

5.2.3   Hohlraumtrocknungsverfahren

Dieses Verfahren wird bei der Trocknung von **durchgehenden Hohlräumen** eingesetzt, in denen **keine Dämmschicht** vorhanden ist, z. B. von Hohlräumen abgehängter Decken, in Doppelbodenkonstruktionen, in Versorgungsschächten ohne Dämmung und unter Badewannen und Duschtassen.

Die durch das Trocknungsgerät produzierte Trockenluft wird in den Hohlraum eingeleitet (Abb. 5.15). Dies kann durch das Trocknungsgerät selbst erfolgen oder durch einen Zusatzventilator realisiert werden (Abb. 5.16). Wichtig ist, dass die eingeleitete Trockenluft auch wieder aus der Hohlraum-

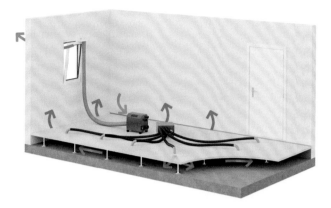

Abb. 5.16: Prinzip des Hohlraumtrocknungsverfahrens mit einem Adsorptionstrockner und einem Ventilator mit Schlauchanschlussmöglichkeiten, der die Trockenluft aus der Raumluft in den Hohlraum leitet (Quelle: Artus Beteiligungs GmbH, Isernhagen)

konstruktion kontrolliert durch Öffnungen entweichen kann (blaue Pfeile in Abb. 5.16). Diese Öffnungen sind fast immer mechanisch herzustellen. Das Entweichen der Luft aus dem Hohlraum ist mittels Messtechnik festzustellen. Nur bei einer gesicherten Durchlüftung mit Trockenluft ist eine erfolgreiche technische Trocknung gewährleistet.

Versorgungsschächte sind in modernen Bauweisen durch Geschossdecken unterbrochen. In diesen Fällen muss in jeder betroffenen Etage separat eine Einlass- und eine Auslassöffnung für die Prozessluft erstellt werden. Bei Altbauten hingegen sind die Schächte grundsätzlich durchgängig offen. Sie können aber eventuell durch Bauschutt o. Ä. verschlossen sein, weshalb immer eine Prüfung der Durchströmung erfolgen muss.

Praxistipp

Ein baulich bestehender Brandschutz bei Geschossdecken muss durch eine Fachkraft auf seine Funktion geprüft werden. Bauteiloberflächen in dem Hohlraum müssen diffusionsoffen sein.

Auch für das Hohlraumtrocknungsverfahren sind alle Hinweise zum Einsatz von Trocknungsgeräten in Kapitel 4.1 und 4.2 sowie die Anwendungshinweise der Hersteller zu beachten.

5.2.4 Schiebe-Zug-Verfahren

Das Schiebe-Zug-Verfahren, auch Saug-Druck-Verfahren genannt, ist eine **Kombination** aus dem **Überdruck**- und dem **Unterdruckverfahren** (siehe Kapitel 5.2.1 und 5.2.2) und somit die effizienteste Methode, um eine technische Trocknung unter **schwimmend verlegten Estrichen** durchzuführen.

Bei diesem Verfahren werden mindestens eine Turbine oder ein Seitenkanalverdichter für den Überdruck und eine Turbine oder ein Seitenkanalverdichter für den Unterdruck benötigt. Die Überdruckeinheit drückt die

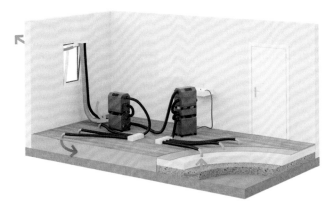

Abb. 5.17: Prinzip des Schiebe-Zug-Verfahrens (Quelle: Artus Beteiligungs GmbH, Isernhagen)

Abb. 5.18: Anwendung des Schiebe-Zug-Verfahrens mit mehreren Überdruckeinheiten und mehreren Unterdruckeinheiten (Quelle: W. Böttcher)

angesaugte Trockenluft in die Konstruktion und die Unterdruckeinheit saugt die dann feuchte Luft aus der gleichen Konstruktion wieder ab (Abb. 5.17). Die Größe der Trocknungsgeräte muss nach dem zu trocknenden Luftvolumen, die Turbinen oder Seitenkanalverdichter müssen für die entsprechende Fläche nach den Angaben des Herstellers ausgewählt werden.

Wichtig ist bei diesem Aufbau, dass die Unterdruckeinheit etwas größer in ihrer Leistung ausgewählt werden muss als die Überdruckeinheit, damit immer ein leichter Unterdruck in der Konstruktion gewährleistet ist. Bei großen Räumlichkeiten können auch mehrere Überdruckeinheiten und mehrere Unterdruckeinheiten notwendig werden (Abb. 5.18). Auch dann muss der Unterdruck immer größer als der Überdruck sein.

Zusätzlich kann es erforderlich werden, Randdämmstreifen oder andere Öffnungen zu verschließen, damit keine Luft aus der Konstruktion unkontrolliert entweichen kann. Auf diese Weise besteht eine hohe Sicherheit, dass keine gesundheitsschädlichen Stoffe, die sich in der Dämmschicht befinden könnten, über die Luftbewegung in die Raumluft gelangen. Ein weiterer

Vorteil des Schiebe-Zug-Verfahrens besteht darin, dass die Bohrlochabstände zwischen Prozesslufteingang und Prozessluftausgang gegenüber dem Über- oder Unterdruckverfahren vergrößert und somit hochwertige Bodenbeläge erhalten und/oder notwendige Laufwege gewährleistet werden können.

Praxistipp

Befindet sich stehendes Wasser in der Konstruktion, ist immer ein Wasserabscheider vor der Turbine oder dem Seitenkanalverdichter auf der Saugseite einzusetzen. Wenn lose Schüttungen (z. B. Perlite) in der zu trocknenden Konstruktion vorhanden sind, müssen spezielle Filter oder Stutzen verwendet werden, damit die losen Schüttungen nicht aus der Konstruktion abgesaugt werden. Bei Bedarf sind zusätzliche Filter und Schalldämpfer einzusetzen.

Wie bei dem Überdruck- und dem Unterdruckverfahren sind alle Hinweise für den Einsatz von Trocknungsgeräten in Kapitel 4.1 und 4.2 sowie die Anwendungshinweise der Hersteller zu beachten.

5.2.5   Sonderverfahren

Randfugen-Schlitzdüsen-Verfahren

Das Randfugen-Schlitzdüsen-Verfahren wird sehr häufig im Schiebe-Zug-Verfahren angewendet. Wenn es die Konstruktion und die Räumlichkeiten zulassen, kann es aber auch im Überdruck- oder Unterdruckverfahren eingesetzt werden.

Beim Randfugen-Schlitzdüsen-Verfahren wird die durch das Trocknungsgerät zur Verfügung gestellte Trockenluft mit speziellen **Fugendüsen** über eine freigelegte Fuge oder eine geöffnete Randfuge zwischen Estrich und angrenzender Wand in die geschädigte Baukonstruktion eingebracht. Die Fugenbereiche zwischen den Fugendüsen sind abzudichten, damit die eingeleitete Trockenluft die Konstruktion gezielt und kontrolliert durchströmen kann. Oft ist es zusätzlich notwendig, die Fugendüsen ebenfalls abzudichten, damit keine Luft unkontrolliert entweicht.

Aufgrund der oft geringen zirkulierenden Luftmenge sollte mit einer längeren Trocknungszeit gerechnet werden. Bei freiem Wasser in der Konstruktion ist das Verfahren nicht anwendbar.

Abb. 5.19: Fugendüsenmodelle (Quellen: Roters GmbH)

Die Trocknungsgeräte müssen nach dem zu trocknenden Luftvolumen ausgewählt werden. Bei den Fugendüsen stehen unterschiedliche Modelle von verschiedenen Herstellern zur Verfügung (Abb. 5.19).

Die Vorteile des Randfugen-Schlitzdüsen-Verfahrens liegen darin, dass die Oberbeläge erhalten werden, keine Ortung von Fußbodenheizungsleitungen notwendig ist und die Räumlichkeiten häufig weiter genutzt werden können.

Die Nachteile des Randfugen-Schlitzdüsen-Verfahrens bestehen in den längeren Trocknungszeiten durch die geringe zirkulierende Luftmenge in der Konstruktion und in dem Aufwand des zusätzlichen Abdichtens offener Fugenbereiche.

> **Praxistipp**
>
> Zum Abdichten sollten Klebebänder Anwendung finden, die schadenfrei entfernbar sind, sodass die fachgerechte Sanierung der Öffnungen ohne großen zusätzlichen Aufwand durchgeführt werden kann. Von dem Einsatz von Acryl, Silicon oder Bauschaum ist abzuraten.
>
> Die Abstände zwischen den Randfugendüsen sollten 30 bis 50 cm nicht überschreiten. Zwischen den Düsen und mindestens 2 Dritteln der anliegenden Schenkelseiten sind die offenen Randfugen zu verschließen.

Abb. 5.20: Anwendung des Eck-Zug-Verfahrens; Raumansicht (Quelle: W. Böttcher)

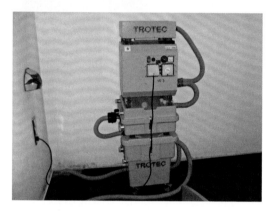

Abb. 5.21: Anwendung des Eck-Zug-Verfahrens; Ansicht in einer Ecke (Quelle: W. Böttcher)

Eck-Zug-Verfahren

Das Eck-Zug-Verfahren findet bei der Trocknung von Dämmschichten unter Estrichen oder in Fußbodenkonstruktionen Anwendung (Abb. 5.20 und 5.21).

Beim Eck-Zug-Verfahren sind an **mindestens 2 Ecken** pro Raum Lufteinlass- bzw. -auslassöffnungen durch Kernlochbohrungen in einer Längsebene anzuordnen. Die Anzahl und der Abstand der Bohrungen richten sich nach den konstruktiven Gegebenheiten und dem Zustand des Dämmstoffs sowie nach der Geometrie der zu trocknenden Flächen (siehe Kapitel 5.3). Grundsätzlich sind die gleichen Abstände wie bei Kernlochbohrungen im Über- oder Unterdruckverfahren einzuhalten. Zu beachten ist bei dem Eck-

Zug-Verfahren, dass der Fugenbereich zwischen den beiden Bohrungen auf der Längsachse abgedichtet sein muss. Auch die beiden Schenkelseiten sind abzudichten, sodass gewährleistet ist, dass die von einer Seite auf die gegenüberliegende Seite durchströmende Luft nur unter den Estrich gelangen kann. Die Trocknungsgeräte müssen nach dem zu trocknenden Luftvolumen ausgewählt werden.

Das Eck-Zug-Verfahren wird z. B. angewandt, wenn Oberbeläge erhalten werden sollen. Ein weiterer Vorteil dieses Verfahrens besteht darin, dass die Nutzung der Räume während der Trocknungsphase minimal beeinträchtigt wird.

Praxistipp

Zum Abdichten der Randfuge eignen sich handelsübliche Klebebänder oder sog. Kompribänder. Von dem Einsatz von Silicon, Acryl oder Bauschaum wird hier dringend abgeraten.

Die Abstände zwischen den Kernlochbohrungen sollten zwischen 1,50 und 2,00 m liegen. Zwischen den Kernlochbohrungen und mindestens 2 Dritteln der anliegenden Schenkelseiten sind die offenen Randfugen zu verschließen.

Bei Längen der Schenkelseiten von mehr als 3 bis 4 m sollten zur gleichmäßigen Luftverteilung unterstützend Fugendüsen eingesetzt werden. Ist der Abstand der Kernlochbohrungen größer als 4 bis 5 m, muss im Schiebe-Zug-Verfahren (siehe Kapitel 5.2.4) gearbeitet werden.

Unterflurverfahren

Das Unterflurverfahren findet z. B. in Mehrfamilienhäusern bei der Trocknung von Dämmschichten unter Estrichen oder in Fußbodenkonstruktionen nach Wasserschäden Anwendung, bei denen der Oberbelag und der Estrich nicht durch Wasser geschädigt wurden, wie etwa bei einem Defekt eines in der Dämmschicht verlaufenden Wasser- oder Heizungsrohres.

Beim Unterflurverfahren werden von der **Unterseite der Deckenkonstruktion** her Kernlochbohrungen bis in die Dämmschicht der darüber liegenden Fußbodenkonstruktion eingebracht (wie bei der Dämmschichttrocknung im Über- oder Unterdruckverfahren [Kapitel 5.2.1 und 5.2.2], jedoch von unten). Diese für die Zirkulation der Prozessluft notwendigen Bohrungen (Lufteinlass- und -auslassöffnungen) werden mithilfe spezieller Überkopfbohreinrichtungen gesetzt. In aller Regel wird dieser Mehraufwand auch finanziell honoriert.

Abb. 5.22: Anwendung des Unterflurverfahrens in einem Wohnraum (Quelle: W. Böttcher)

Abb. 5.23: Anwendung des Unterflurverfahrens in einem Kellerraum (Quelle: W. Böttcher)

Die von den Trocknungsgeräten produzierte Trockenluft wird von den unter der betroffenen Dämmschicht liegenden Räumen aus durch Turbinen oder Seitenkanalverdichter eingeblasen bzw. abgesaugt (Abb. 5.22 und 5.23). Dafür müssen die gesamten Randfugen der Räume oberhalb der betroffenen Dämmschicht abgedichtet sein bzw., wenn sie es nicht sind, abgedichtet werden.

Der Vorteil des Unterflurverfahrens besteht vor allem darin, dass die von dem Wasserschaden betroffenen Räume während der Trocknung nahezu uneingeschränkt genutzt werden können. Für den Einsatz des Verfahrens sind daher z. B. Büros oder Arztpraxen prädestiniert, deren Nutzung gewährleistet sein muss. Außerdem muss nur ein Objekt betreut werden im Gegensatz zu den Verfahren, bei denen die Entlastungsöffnungen in den geschädigten Räumen (oben) gesetzt werden, wo dann auch die Trocknungsgeräte installiert sind, sodass sich 2 zu betreuende Objekte ergeben, was einen zusätzlichen Aufwand bedeutet. Darüber hinaus können Oberbeläge erhalten werden und die Ortung von Fußbodenheizungsleitungen im Estrich ist nicht erforderlich.

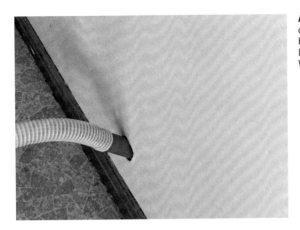

Abb. 5.24: Anwendung des Diagonalverfahrens bei einer geschlossenen Leichtbauwand (Quelle: W. Böttcher)

Gerne wird dieses Verfahren angewendet, wenn die unteren Räume aktuell nicht genutzt werden. Die Einsatzmöglichkeiten des Unterflurverfahrens begrenzen sich durch die Dicke und die Erreichbarkeit der Decken- und/oder der Tragkonstruktion. Der Konstruktionsaufbau der Decke muss bekannt sein und die Konstruktion darf durch die Bohrungen nicht in ihrer Tragfähigkeit geschwächt werden. Im Zweifel sollte eine statikfachkundige Person zur Beratung herangezogen werden. Durchbohrte Abdichtungsebenen oder Dampfsperren sind professionell nach der Normenreihe DIN 18534 „Abdichtung von Innenräumen" (2017) wieder herzustellen (siehe auch Kapitel 2.3.6). Ist dies nicht möglich, kann das Unterflurverfahren nicht angewendet werden.

Praxistipp

Der Brandschutz ist zu beachten. Es muss berücksichtigt werden, dass eventuell Leitungen innerhalb der Geschossdecke verbaut sind. Die Hinweise in den Kapiteln 5.2.1, 5.2.2 und 5.2.4 sind anzuwenden.

Diagonalverfahren

Das Diagonalverfahren wird bei der Trocknung von Dämmschichten unter Estrichen oder in Fußbodenkonstruktionen angewendet.

Beim Diagonalverfahren werden Kernlochbohrungen von dem an die betroffene Dämmschicht **angrenzenden Raum** aus **diagonal** bzw. **schräg durch die Wand** in die zu trocknende Dämmschicht gebohrt (Abb. 5.24). Die Herausforderung bei diesem Verfahren besteht in der Festlegung des Bohrwinkels, der notwendig ist, um die betroffene Dämmschicht im Nachbarraum genau zu treffen. Für die Festlegung des Bohrwinkels muss ausreichend Zeit eingeplant werden, damit keine Beschädigungen nicht betroffener Bereiche entstehen. In der Regel wird nach der Festlegung in einem kleinen Durchmesser vorgebohrt. Um Schäden durch Bohrungen zu

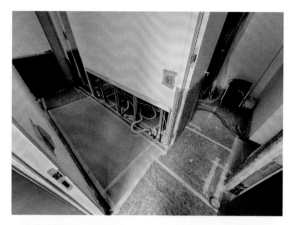

Abb. 5.25: Anwendung des Diagonalverfahrens bei einer geöffneten Leichtbauwand – Übersicht über die Wand (oben); schräge Kernlochbohrungen im Detail (Mitte); Überprüfung der Feuchte in der Dämmschicht (unten) mit einem Feuchtemessgerät (Quelle: M. Resch)

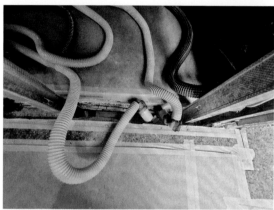

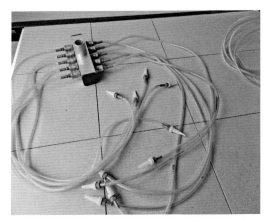

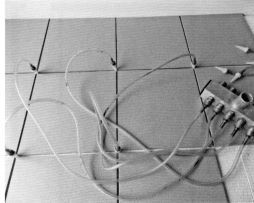

Abb. 5.26: Schlauchsysteme für das Fugenkreuzverfahren (Quelle: W. Böttcher)

Abb. 5.27: Anwendung des Fugenkreuzverfahrens (Quelle: W. Böttcher)

vermindern, hat es sich bewährt, die erste Bohrung mit einem Endoskop zu kontrollieren und erst in einem zweiten Schritt das Loch ganz aufzubohren.

Die Randfugen in dem geschädigten Raum müssen komplett abgedichtet und nur an den Stellen partiell geöffnet werden, an denen eine Zirkulation der Prozessluft erfolgen soll.

> **Praxistipp**
>
> Zum Abdichten der Randfugen eignen sich handelsübliche Klebebänder. Der Einsatz von Silicon, Acryl oder Bauschaum ist nicht zu empfehlen.

Die Einsatzmöglichkeiten dieses Verfahrens werden durch die Dicke und die Erreichbarkeit der Trennwand begrenzt. Moderne Leichtbauwände ermöglichen eine einfachere Herstellung von Prozessluftöffnungen, da die zumeist vorhandene Gipskartonbekleidung an den Stellen, an denen die schrägen Kernlochbohrungen gesetzt werden sollen, entfernt werden kann und somit keine Winkelberechnung erforderlich ist (Abb. 5.25).

Fugenkreuzverfahren

Das Fugenkreuzverfahren (Abb. 5.26 und 5.27) findet aufgrund seiner fraglichen Effektivität gerade im Unterdruckverfahren kaum noch Anwendung in der Estrichdämmschichttrocknung. Daher wird hier nicht näher darauf eingegangen.

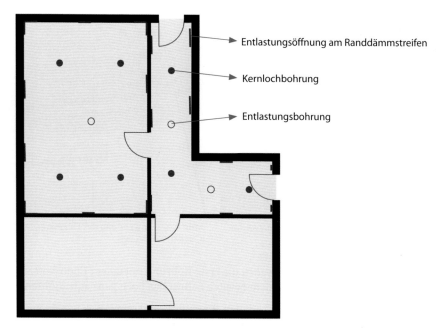

Entlastungsöffnung am Randdämmstreifen

Kernlochbohrung

Entlastungsbohrung

Abb. 5.28: Kernlochbohrungen und Entlastungsöffnungen bei einer Dämmschichttrocknung (Quelle: M. Grammel)

5.3   Kernlochbohrungen und Entlastungsöffnungen

Bei jeder technischen Trocknung von Bauteilen bzw. Baukonstruktionen mit Hohlräumen und/oder Dämmschichten, ob im Unterdruck- oder im Überdruckverfahren, sind Kernlochbohrungen sowie Entlastungsöffnungen zwingend notwendig, damit eine **Prozessluftzirkulation** durch die betroffenen Bauteile und Baukonstruktionen erfolgen kann (Abb. 5.28). Nur durch das **Zusammenspiel beider Öffnungen** kann die durch den Schaden verursachte Feuchte in den betroffenen Bauteilen bzw. Baukonstruktionen professionell und effizient entfernt werden. Das Setzen sämtlicher Bohrungen muss daher gezielt geplant und speziell an die Räumlichkeiten angepasst werden.

Bei Dämmschichttrocknungen haben sich **Bohrungen** mit einem Durchmesser von 50 bis 56 mm etabliert. Bei Trocknungen von Holzbalkendecken und/oder Leichtbauwänden wird gerne mit 25-mm-Öffnungen gearbeitet.

Generell kann mit allen Bohrgrößen gearbeitet werden. Es muss nur beachtet werden: Je kleiner die Bohrgrößen sind, desto mehr Bohrungen müssen in der Regel gesetzt werden, damit eine flächige Zirkulation in den zu trocknenden Bauteilen oder Baukonstruktionen sichergestellt werden kann.

Entlastungsöffnungen können zusätzliche kleine Bohrungen, Kernlochbohrungen oder Öffnungen an den Bauteilen oder Baukonstruktionen (z. B. an den Randdämmstreifen) sein, an denen ein Entweichen oder Einströmen der Prozessluft gewährleistet werden muss. In der Praxis ist leider immer wieder festzustellen das zu wenige oder gar keine Entlastungsöffnungen hergestellt werden. Ohne diese Öffnungen ist eine effiziente und professionelle Trocknung **nicht möglich**.

Aufgaben der Kernlochbohrungen:

- Ermöglichen des Absaugens von stehendem Wasser aus Bauteilen oder Baukonstruktionen
- Ermöglichen des Anschlusses von Trocknungstechnik, um die Prozessluft einzubringen
- Ermöglichen des Einrichtens von Messpunkten, um den Fortschritt der Trocknung zu überwachen

Aufgaben der **Entlastungsöffnungen:**

- Ermöglichen einer Zirkulation der Prozessluft
- Ermöglichen des Einrichtens von Messpunkten, um den Fortschritt der Trocknung zu überwachen
- Zulassen eines Druckausgleichs (Unter- oder Überdruck)

Die **Bohrlochabstände** bei einer Dämmschichttrocknung hängen von vielen Faktoren ab:

- der Größe der Räumlichkeit,
- der Art der Dämmschicht,
- dem Durchfeuchtungsgrad,
- dem Vorhandensein von stehendem Wasser,
- dem Bodenbelag und der Sockelleiste sowie
- der Verfügbarkeit von Gerätetechnik.

In Abb. 5.29 werden die Bohrlochabstände dargestellt, mit denen in der Regel bei einem DIN-gerechten Fußbodenaufbau mit einem Polystyrol-Dämmstoff (EPS, XPS) geplant werden sollte. Die Erfahrung hat gezeigt, das mit diesen Abständen gute Prozessluftströmungen an den Entlastungsöffnungen mit Strömungsgeschwindigkeiten von 0,3 bis 0,8 m/s realisierbar sind. Wer-

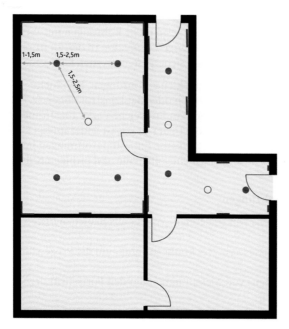

Abb. 5.29: Empfohlene Bohrlochabstände bei einem DIN-gerechten Fußbodenaufbau mit einem Polystyrol-Dämmstoff (Quelle: M. Grammel)

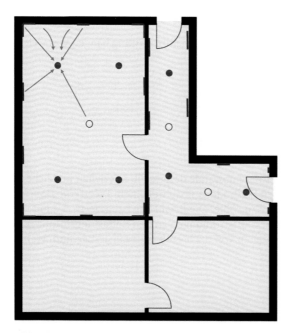

Abb. 5.30: Prozessluftzirkulation in einer Dämmschicht im Unterdruckverfahren (Quelle: M. Grammel)

den Strömungsgeschwindigkeiten von mindestens 0,3 m/s erreicht, wird sich eine gleichmäßige Prozessluftzirkulation einstellen (siehe Abb. 5.30) und eine Entfeuchtung der Dämmschicht kann so gewährleistet werden.

Zu der Anzahl der notwendigen Kernlochbohrungen gibt es viele verschiedene Aussagen in der Wasserschadensanierungsbranche. Eine gute Herangehensweise ist: So wenig wie möglich und so viel wie nötig. Die zentrale Bewertung ist allein die **Strömungsgeschwindigkeit** an den Entlastungsöffnungen. Sobald eine Strömungsgeschwindigkeit von mindestens 0,3 m/s und von nicht mehr als 0,8 m/s an den Öffnungen per Messung nachgewiesen werden kann, wird eine Austrocknung geschädigter Dämmschichten erfolgen.

Werden keine 0,3 m/s erreicht, sind vermutlich mehr Kernlochbohrungen nötig. Es besteht auch die Möglichkeit, dass zu viele Entlastungsöffnungen vorhanden sind und sich dadurch keine Strömung darstellen lässt. Dies ist häufig der Fall, wenn bei Leichtbauwänden die unteren 50 bzw. 80 cm der Wände aufgrund einer mikrobiellen Belastung entfernt werden mussten. In solch einer Situation ist eine Strömung nur sehr eingeschränkt nachweisbar.

Weitere Informationen zur Bemessung von Bohrungen sind dem WTA-Merkblatt 6-16 „Technische Trocknung durchfeuchteter Bauteile – Planung, Ausführung und Kontrolle" (2019), Abschnitt 4.3, zu entnehmen.

Tabelle 5.1: Maximale Fläche pro Bohrung in Abhängigkeit von Dämmstoff, Trocknungsverfahren und aufstauendem Wasser1) (Quelle: nach WTA-Merkblatt 6-16 [2019], Abschnitt 4.3)

Dämmstoffe	maximale Fläche pro Bohrung			
	Unterdruck-verfahren	Überdruck-verfahren	Schiebe-Zug-Verfahren	mit aufstauendem Wasser
Asche	–	–	–	–
Hanf	9 m²	9 m²	12 m²	4 m²
Zellulose	–	–	–	–
KMF	9 m²	9 m²	12 m²	4 m²
Kork	–	–	–	–
Lehm	–	9 m²	9 m²	–
Schüttungen	9 m²	–	9 m²	–
EPS	12 m²	12 m²	18 m²	8 m²

Fortsetzung Tabelle 5.1

Dämmstoffe	maximale Fläche pro Bohrung			
	Unterdruck-verfahren	Überdruck-verfahren	Schiebe-Zug-Verfahren	mit aufstauen-dem Wasser
PU	12 m²	12 m²	18 m²	8 m²
Sand	–	–	–	–
Schafwolle	–	–	–	–
Schaumglas	12 m²	12 m²	18 m²	8 m²
XPS	12 m²	12 m²	18 m²	8 m²

–	nicht zu trocknen
KMF	künstliche Mineralfasern
EPS	expandiertes Polystyrol
PU	Polyurethan
XPS	extrudiertes Polystyrol
1)	bezogen auf eine Bohrung mit einem Durchmesser von 50 mm und eine Gerätetechnik mit einer Luftfördermenge von ca. 150 m³/h (Unterdruck: 175 mbar, Überdruck: 200 mbar); maximale Abstände der Bohrungen zu aufgehenden Bauteilen: im Unterdruckverfahren ≤ 1,50 m = 9 m², im Überdruckverfahren ≤ 2,00 m = 16 m²

6 Auswahl technischer Trocknungsverfahren in der Wasserschadensanierung

Im Folgenden werden speziell auf die jeweiligen zu trocknenden Baustoffe, Bauteile und Baukonstruktionen abgestimmte Trocknungsverfahren angegeben, um die Auswahl des effizientesten Verfahrens zu erleichtern.

6.1 Einordnung technischer Trocknungsverfahren

Trocknungstechnik wird in vielen wirtschaftlichen Bereichen eingesetzt, z. B. in der Industrie und Landwirtschaft. Sie umfasst viele unterschiedliche Verfahren. Für die technische Trocknung von Gebäuden werden jedoch nicht alle technischen Trocknungsverfahren angewendet (siehe Abb. 6.1).

Bei der technischen Trocknung von Baustoffen, Bauteilen und Baukonstruktionen ist grundsätzlich zu unterscheiden in

- die **indirekte** Trocknung (siehe Kapitel 5.1), bei der die Raumluft getrocknet wird, und
- die **direkte** Trocknung (siehe Kapitel 5.2), bei der die Baustoffe, Bauteile und Baukonstruktionen direkt erwärmt und belüftet oder unterlüftet werden.

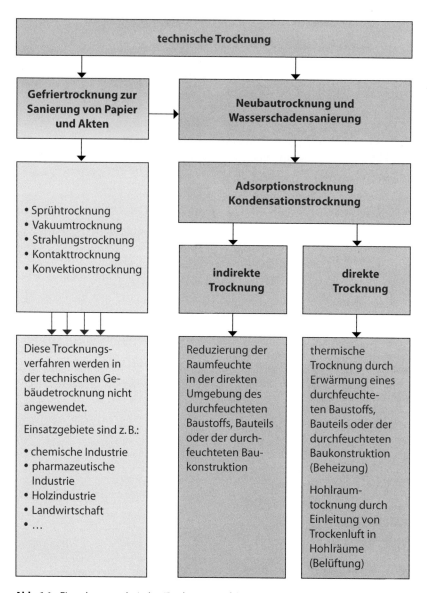

Abb. 6.1: Einordnung technischer Trocknungsverfahren (Quelle: U. Lademann)

Abb. 6.2: Technische Trocknung eines Verbundestrichs (Quelle: U. Lademann)

6.2   Trocknung von Fußbodenkonstruktionen

Zunächst ist zu ermitteln, ob die Böden schwimmend oder nicht schwimmend verlegt wurden und ob es Hohlräume unter den Böden gibt, in die Wasser eingedrungen sein könnte. Diese grundlegenden Informationen beeinflussen die Auswahl des geeigneten Trocknungsverfahrens.

6.2.1   Trocknung von Estrichen

6.2.1.1 Estrichkonstruktionen

Verbundestriche

Verbundestriche werden in der Praxis oberflächlich getrocknet, d. h., bei der Trocknung von Verbundestrichen wird die **Raumluft entfeuchtet** (indirekte Trocknung, siehe Kapitel 5.1). Durch die entfeuchtete Umgebungsluft kann die Feuchte aus dem Estrich ausdiffundieren (siehe Ausgleichsprinzip in Kapitel 2.1.5 zur Brownschen Bewegung). Der Trocknungsvorgang wird durch den Einsatz von Ventilatoren unterstützt (Abb. 6.2).

Eine erfolgreiche technische Trocknung setzt eine diffusionsoffene Bauteiloberfläche voraus, durch die das Wasser in die Umgebungsluft entweichen kann. Vor Beginn der Trocknung müssen daher Bodenbeläge, wie z. B. Holz, Laminat, Fliesen, PVC oder Vinyl, sowie Farbanstriche entfernt werden, da sie den Wassertransport verhindern oder derart verlangsamen, dass die Trocknungsmaßnahme aus zeitlichen und energetischen Gründen unwirtschaftlich wird.

Abb. 6.3: Technische Trocknung einer Bodenplatte ohne Estrich (Quelle: U. Lademann)

Die Abb. 6.3 zeigt den Zustand eines Raumes nach dem vollständigen Rückbau eines schwimmenden Estrichs. Im Zuge der Vorarbeiten wurde festgestellt, das eine technische Trocknung der Dämmschicht aus hygienischen Gründen nicht durchführbar war. Nach der Entfernung der Estrichschicht und dem Ausbau der nassen Dämmschicht war es in wenigen Tagen möglich, die Restfeuchte auszutrocknen. In diesem Fall war lediglich eine Raumtrocknung (siehe Kapitel 5.1.1) notwendig, also die gleiche Maßnahme wie bei der Trocknung von Verbundestrichen.

Es ist grundsätzlich zu prüfen, ob das zu entfeuchtende **Raumvolumen verkleinert** werden kann. Eine Möglichkeit besteht darin, die Bereiche, in denen die technische Trocknung durchgeführt werden muss, durch Schotts von anderen Bereichen zu trennen. Eine Alternative ist das direkte Überspannen des Estrichs mit einem Folienzelt, unter das die Trockenluft geleitet wird (siehe Kapitel 5.1.2). Durch die Verkleinerung des Raumvolumens wird in jedem Fall weniger Trocknungstechnik benötigt und die Trocknungszeit kann deutlich reduziert werden, was letztlich Energie einspart.

Praxistipp

Im Zuge der Schadenaufnahme (siehe Kapitel 3.2) bzw. in der Planungsphase sollte immer ermittelt werden, wie das Raumvolumen im Einzelfall reduziert werden kann.

Abb. 6.4: Technische Trocknung eines schwimmenden Estrichs mit Großgeräten (Quelle: Allegra GmbH, Berlin)

Abb. 6.5: Technische Trocknung eines schwimmenden Estrichs über Randfugendüsen (Quelle: U. Lademann)

Estriche auf Trennlage

Estriche auf Trennlage (z. B. auf Polyethylenfolie oder Bitumenpapier) werden in der Regel wie Verbundestriche oberflächlich getrocknet (siehe Kapitel 5.1). Wenn sich unterhalb des Estrichs Wasser befindet, kann in vereinzelten Fällen auch im Überdruckverfahren getrocknet werden (siehe Kapitel 5.2.1). Hier ist im Einzelfall zu prüfen, wie vorgegangen werden kann.

In vielen Fällen ist es nicht nötig, den Estrich zu entfernen, weil die Trennlage gleichzeitig eine abdichtende Funktion zum darunter liegenden Untergrund hat und sich somit auch ohne einen Wasserschaden Feuchte unterhalb einer Trennlage befindet. Estriche auf Trennlage werden überwiegend in erdberührten Bereichen verbaut, wodurch die Bodenplatte immer eine gewisse Grundfeuchte aufweist.

Schwimmende Estriche

Schwimmende Estriche sind immer auf mindestens einer Dämmschicht verlegt (siehe Kapitel 2.3.1.4). Bei einem Wasserschaden ist daher davon auszugehen, dass Wasser unter den Estrich, also in die Dämmschicht, gelau-

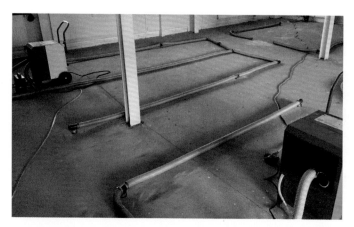

Abb. 6.6: Technische Trocknung eines schwimmenden Estrichs (Quelle: U. Lademann)

Abb. 6.7: Technische Trocknung eines schwimmenden Estrichs von unten (Unterflurverfahren) durch die Geschossdecke (Quelle: U. Lademann)

fen ist. Für eine Estrichdämmschichttrocknung wird **vorgetrocknete Luft** in die Dämmschicht **eingeleitet** (Abb. 6.4 bis 6.7). Diese nimmt die Feuchte auf und wird in einem Kreislauf aus der Dämmschicht nach außen transportiert, getrocknet und erneut eingeleitet (direkte Trocknung, siehe Kapitel 5.2). Die Einleitung von Trockenluft kann sowohl im Überdruck- als auch im Unterdruckverfahren und auch in der Kombination beider Verfahren (Schiebe-Zug-Verfahren) durchgeführt werden. Die Wahl des Verfahrens hängt stark von der jeweiligen Situation vor Ort ab. Stand der Technik in der technischen Trocknung unter schwimmenden Estrichen ist das Unterdruckverfahren.

Abb. 6.8: Zementgebundene Schüttung mit Trockenestrichplatte nach einem Wasserschaden; diese Konstruktion ist nicht mehr trocknungsfähig, ein Rückbau der Konstruktion ist notwendig. (Quelle: U. Lademann)

Trockenestriche

Trockenestriche können **nicht technisch getrocknet** werden, sondern sind im Falle eines Wasserschadens zurückzubauen (Abb. 6.8). Ein partieller Austausch der betroffenen Bereiche reicht in der Regel für die Sanierung eines Wasserschadens aus.

6.2.1.2 Estrichbaustoffzusammensetzungen

Zementestrich

Heutzutage werden Estriche in Wohngebäuden und auch in Bürogebäuden häufig als Zementestrich ausgeführt. Die technische Trocknung bei dieser Estrichmischung kann problemlos je nach Konstruktion mit den in Kapitel 6.2.1.1 angegebenen Verfahren durchgeführt werden.

Calciumsulfatestrich

Bei einem Calciumsulfatestrich, der in der Regel als schwimmender Estrich verbaut wird, ist grundsätzlich die Einwirkzeit der Feuchte ausschlaggebend dafür, ob überhaupt eine technische Trocknung durchgeführt werden kann oder nicht. Nach einer längerfristigen **Einwirkzeit von Nässe** ist meistens eine deutliche Schwächung der Baustoffstruktur feststellbar, die Rissbildungen, Verformungen und somit eine Beeinträchtigung der Druckfestigkeit zur Folge hat. Hier ist eine Probebohrung dringend angeraten, um den Estrich bis auf den Kern auf einen Strukturzerfall zu prüfen. Bei einem erkennbaren Zerfall ist der Estrich nicht mehr zu retten und muss ausgebaut werden. Anderenfalls kann eine Estrichdämmschichttrocknung durchgeführt werden.

Seltener ist ein Calciumsulfatestrich ohne Dämmschicht, also als Verbundestrich, verbaut worden. In diesem Fall ist eine technische Trocknung nicht durchführbar. Die glatte Oberfläche des Estrichs verhindert eine effektive Diffusion von Feuchte, wodurch die Nässe zu lange im Estrich verbleibt, sodass die Struktur zerfällt, bevor das Trocknungsziel überhaupt erreicht wird.

Gussasphaltestrich

Ist ein Gussasphaltestrich von einem Wasserschaden betroffen, stellt sich zunächst die Frage, ob eine technische Trocknung überhaupt durchführbar ist bzw. Sinn macht. Denn der Gussasphaltestrich selbst ist nicht anfällig gegen Feuchte und wird daher zumeist überall dort verbaut, wo Feuchte abgehalten werden soll. Gussasphaltestrich benötigt demnach keine technische Trocknung. Bei einem **schwimmenden Aufbau** hingegen sind weitere Fragen zu klären, z. B. welcher Dämmstoff verbaut wurde. In vielen Fällen wurde Perlite (Dämmstoff aus Vulkangestein) verwendet. Sie lässt sich, wenn überhaupt, nur schwerlich mit Trockenluft durchfluten, da Perlite im Fall einer längeren Wassereinwirkung dazu neigt zu verklumpen, wodurch eine Durchströmung mit Trockenluft schwierig und manchmal sogar unmöglich wird. Ist die Perliteschüttung durch Holzfaserplatten unterteilt, sind bei einem Wasserschaden mehrere Schichten der Schüttung betroffen. Bei diesem Schichtaufbau ist eine technische Trocknung aufgrund seiner Dichte problematisch. Zudem neigen Holzfaserplatten unter Einwirkung von Feuchte zur Schimmelpilzbildung, wodurch der Ausbau des Estrichs im Rahmen einer fachgerechten Sanierung erforderlich wird.

In den Fällen, in denen Mineralwolle als Dämmstoff verbaut ist, kann zwar unter dem Estrich mit Trockenluft gearbeitet werden (nur im Unterdruckverfahren), jedoch ist eine technische Trocknung von diesem Bodenaufbau in der Regel sehr zeitaufwendig. Daher muss bei diesem Bodenaufbau geprüft werden, ob ein Austausch die wirtschaftlich sinnvollere Methode der Sanierung darstellt.

Bei einer Kombination der Dämmstoffe Perlite und Mineralwolle ist eine technische Trocknung der Dämmschicht durchführbar. Ein Ausbau des Gussasphaltestrichs ist in diesem Fall somit nicht erforderlich. Grundsätzlich ist im Unterdruckverfahren zu arbeiten, um den Gussasphaltestrich nicht zu beschädigen. Es besteht die Gefahr der Verformung durch Druck und Wärme.

Kunstharzestrich

Kunstharzestrich nimmt keine Feuchte auf, eine technische Trocknung ist daher nicht erforderlich. Kunstharzestriche, auch Industrieböden genannt, werden in großen Hallen ohne Dämmschicht verbaut, sodass hier eine Trocknung unterhalb des Estrichs nicht erfolgen muss.

Magnesiaestrich

Wenn ein Magnesiaestrich durchfeuchtet wurde, ist zumeist der **Rückbau** die einzige Alternative. Nur wenn die Tätigkeiten umgehend nach dem Schadenereignis aufgenommen werden können, ist eine technische Trocknung möglich. Dazu ist der Estrich zunächst auf Flecken- und Schimmelpilzbildung sowie auf Verformungen zu prüfen. Diese Veränderungen zeigen die Zerstörung des betroffenen Bereichs an und erfordern den partiellen Austausch des beschädigten Materials. Sobald die technische Trocknung des Magnesiaestrichs abgeschlossen ist, muss nochmals auf Risse, Verwerfungen und andere Schäden geprüft werden. Auch nach der Trocknungsmaßnahme kann es notwendig sein, beschädigte Bereiche des Magnesiaestrichs zu reparieren oder zu ersetzen.

Eine oberflächliche technische Trocknung dieser Estriche erfordert sehr viel Zeit. Je nach Schwere des Schadens und Umgebungsbedingungen können mehrere Wochen vergehen, bis ein Magnesiaestrich wieder normal genutzt werden kann. Insofern ist die Abwägung der Wirtschaftlichkeit einer technischen Trocknung sinnvoll.

Praxistipp

Grundsätzlich sollten dem geschädigten Eigentümer keinerlei Versprechen oder Garantien gegeben werden. Bei Magnesiaestrichen kann nicht vorhergesagt werden, was im Zuge der technischen Trocknung passiert. Daher ist es in diesen Fällen sinnvoll, klar den **Versuch** einer Trocknungsmaßnahme zu kommunizieren und mit dem Auftraggeber alle Risiken und auch die Wirtschaftlichkeit der geplanten Maßnahmen zu besprechen. Das bewahrt alle Beteiligten vor unangenehmen Streitigkeiten nach der Sanierung.

6.2.1.3 Estrichdämmstoffe

Ein besonderes Augenmerk bei der technischen Trocknung von schwimmenden Estrichen ist auf die jeweils verbaute Dämmschicht zu richten, denn bei der Trocknung dieser Estrichkonstruktionen geht es, technisch gesehen, um die Estrichdämmschichttrocknung. Deshalb ist immer zu ermitteln, um welchen Dämmstoff es sich handelt, bevor die Trocknung durchgeführt wird. Auch die Prüfung, ob eventuell ein durch Fäkalwasser oder anders verursachter Bakterien- oder Schimmelpilzbefall vorliegt, kann erforderlich sein. Daher muss die Schadenursache bekannt sein, bevor die Sanierung beginnt.

Polystyrol

Dämmschichten aus expandiertem Polystyrol (EPS) stellen in der Regel **kein Problem** dar. Hier dauert eine durchschnittliche Trocknungsphase ca. 14 bis 21 Tage, je nach angewandtem Trocknungsverfahren.

Das ebenfalls oft für Estrichdämmschichten verwendete extrudierte Polystyrol (XPS) ist zwar grundsätzlich trocknungsfähig, jedoch kann es bei diesem Dämmstoff zu **Erschwernissen** kommen: Die hohe Materialdichte von XPS, das oftmals zudem als Platten im Verbund verlegt wird, verhindert eine ausreichende Durchströmung mit Trockenluft. Bei einem massiven Wasserschaden mit von Wasser durchzogenen XPS-Dämmplatten ist der Rückbau der gesamten Bodenkonstruktion eine sinnvolle Sanierungsalternative. Denn eine technische Trocknung wäre in diesem Fall erfolglos oder würde so lange dauern, dass es wirtschaftlich nicht mehr zu vertreten ist.

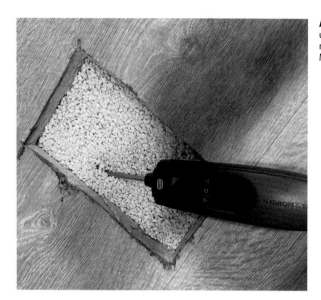

Abb. 6.9: Schüttung unter einem Trockenestrich (Quelle: M. Resch)

Künstliche Mineralfasern

Künstliche Mineralfasern (Mineral-, Glas- und Steinwolle) sind aus technischer Sicht **trocknungsfähig**. Dämmschichten aus künstlichen Mineralfasern können problemlos mit Trockenluft durchflutet werden. Bei einer korrekten Installation der Trocknungstechnik werden Laufzeiten der Trocknung von ca. 21 Tagen selten überschritten.

Für den **Rückbau** einer Bodenkonstruktion mit diesem Dämmstoff sprechen mitunter folgende Aspekte: eine lange Einwirkzeit, eine Vorbelastung des in die Dämmschicht eingedrungenen Wassers sowie eine mikrobielle Grundbelastung der Bausubstanz. Oftmals haben ältere Estriche auf Dämmschichten aus künstlichen Mineralfasern auch bereits deutlich erkennbare Risse oder es sind Geräusche beim Betreten des Raumes wahrnehmbar. In diesen Fällen ist eine technische Trocknung eher abzulehnen und der Rückbau die richtige Sanierungsentscheidung.

Schüttungen

Schüttungen als Dämmschicht unter Estrichen bestehen häufig aus Blähton, Blähglas oder Perlite (Abb. 6.9). Es werden auch **zementgebundene Schüttungen** eingesetzt, die aus einer EPS-Zement-Mischung bestehen (Abb. 6.10). Die Vorteile von Schüttungen liegen darin, dass sie vergossen werden können und so unebene Untergründe sowie auf dem Beton verlegte Rohr-

Abb. 6.10: Zementgebundene Schüttung (Quelle: M. Resch)

leitungen oder Kabel problemlos ausgleichen, und außerdem darin, dass sie hervorragende Dämmeigenschaften bieten. Zudem haben sie trotz ihrer beachtlichen Festigkeit ein geringes Eigengewicht, was die Belastung der Gebäudestruktur deutlich reduziert. Daher werden Schüttungen auch sehr gern in der Altbausanierung verwendet.

Zementgebundene Schüttungen bleiben auf Dauer sehr formstabil und neigen nicht zu Rissbildungen. Die Verarbeitung ist in der Regel recht unkompliziert und die anschließende Trocknungsphase kurz. Nach etwa 24 Stunden Abbindezeit sind die Flächen begehbar und zur weiteren Bearbeitung geeignet. Die ausgehärteten Schüttungen können bei einem Wasserschaden mit **Trockenluft durchflutet** werden, d. h., es ist eine Luftzirkulation innerhalb der Schüttungen möglich. Sie nehmen aber auch nur schwerlich Wasser auf und sind in der Regel sogar wasserabweisend. Bei einigen Bodenaufbauten wird auf eine zementgebundene Schüttung zunächst eine Trittschalldämmung und erst anschließend ein Estrich aufgebracht. In diesen Fällen kann Feuchte unterhalb der Trittschalldämmung bevorzugt im Unterdruckverfahren, aber auch im Überdruck- oder Schiebe-Zug-Verfahren entfernt werden (siehe Kapitel 5.2.1, 5.2.2 und 5.2.4).

Abb. 6.11: Doppel-boden von unten (Quelle: M. Resch)

6.2.2   Trocknung von Doppel- und Hohlraumböden

Doppel- und Hohlraumböden werden häufig in Rechenzentren, Büroge-bäuden und anderen Einrichtungen verbaut, in denen eine flexible Kabel-verlegung und Infrastruktur benötigt wird. Durch den Aufbau dieser Böden entstehen Hohlräume (Abb. 6.11), in denen Kommunikations- und Ver-sorgungskabel, aber auch Wasser- und andere Leitungen verlegt sind (siehe Kapitel 2.3.2). Die Trocknung von Doppel- und Hohlraumböden nach einer Wassereinwirkung ist technisch keine besondere Herausforderung, meis-tens reichen große Ventilatoren und Entfeuchtungsgeräte aus (siehe Kapitel 5.2.3).

In einigen Fällen liegen jedoch **Dämmstoffe**, wie künstliche Mineralfasern oder Polystyrol, auf der Geschossebene. Dann wird die technische Trock-nung schwieriger, denn die Kombination von Kabeln, Leitungen usw. mit Dämmstoffen kann nicht einfach belüftet werden. Mit den Jahren bilden sich hier Staubschichten und andere Verunreinigungen, die nicht in die Um-welt „gepustet" werden sollten. Die Dämmstoffe lassen sich auch nicht wie bei schwimmenden Estrichen im Unterdruckverfahren trocknen, denn es kann kein Unterdruck erzeugt werden. Der Rückbau der Dämmstoffe ist demnach die einzige Alternative, um Feuchte in solchen Doppel- und Hohl-raumböden zu beseitigen.

Praxistipp

Während der technischen Trocknung ist es ratsam, die Raumnutzenden umzuquartieren, um sie nicht mit frei werdenden Stäuben zu konfrontie-ren. Auch kann dann 24 Stunden am Tag durchgetrocknet werden. Eine gründliche Reinigung nach der technischen Trocknung ist grundsätzlich zu empfehlen.

Abb. 6.12: Technische Trocknung einer massiven Wand mit Wärme durch Heizstäbe (Quelle: M. Resch)

Abb. 6.13: Infrarotheizgerät zur Erwärmung von Wandfliesen (Quelle: M. Resch)

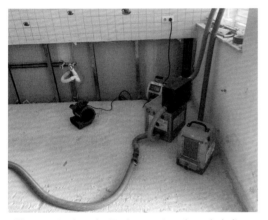

Abb. 6.14: Technische Trocknung einer doppelschaligen Wand durch Lüftung (Quelle: U. Lademann)

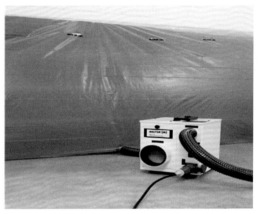

Abb. 6.15: Folienzelttrocknung einer Wand (Quelle: M. Resch)

6.3 Trocknung von Massiv- und Leichtbauwänden

Für die Trocknung von Wänden können je nach Konstruktion und Baustoffen verschiedene Verfahren angewendet werden. Für die Trocknung einschaliger **massiver Wände** bietet sich eine direkte Trocknung mit Heizstäben oder Infrarotheizplatten bzw. Infrarotheizgeräten an (siehe Kapitel 4.9 und 4.10; Abb. 6.12 und 6.13), sie können aber auch durch eine indirekte Trocknung behandelt werden (siehe Kapitel 5.1). Bei **Leichtbauwänden** und doppelschaligen Massivwänden ist eine Trocknung durch Lüftung geeignet (Abb. 6.14). Um das zu entfeuchtende Raumvolumen zu verkleinern, können die Wände mit einer Folie überspannt werden, unter die die Trockenluft geleitet wird (Folienzelttrocknung, siehe Kapitel 5.1.2; Abb. 6.15).

Innenwände

Bei der Einwirkung von Wasser und Wasserdampf sind Wände innerhalb der Gebäudehülle, die in Leichtbauweise konstruiert wurden (Trockenbauwände), besonders zu beachten. Die Hohlräume dieser zumeist mehrschaligen Wände werden in der Regel mit Dämmstoffen verschiedenster Art verfüllt, um Schallübertragungen oder Wärmeableitungen zu vermeiden. Bei Wasserschäden an derartigen Konstruktionen empfiehlt es sich daher, die Konstruktion zu öffnen, um den verbauten Dämmstoff zu ermitteln und zu prüfen, inwieweit die Hohlräume separiert (z. B. Trennung durch Querbalken) wurden sowie zu prüfen, ob bereits ein Befall durch Schimmelpilze eingesetzt hat.

Gerade doppelt beplankte Gipskartonwände bilden bei einer Durchfeuchtung sehr schnell einen **Schimmelpilzbefall** zwischen den beiden Platten aus, der bei einer ausbleibenden Überprüfung über Jahre unentdeckt bleiben und so zur Zerstörung der Wandkonstruktion und zu Beschwerden der Bewohnenden führen kann. In jedem Fall ist es zumindest erforderlich, die Hohlräume mit einem Endoskop zu überprüfen, und zwar bei allen Wänden. Sollte keine 100-prozentige Endoskopprüfung durchführbar sein, ist eine Bauteilöffnung die einzige Alternative, einen Schimmelpilzbefall auszuschließen bzw. ihn zu verhindern.

Schadenbedingt ist es mitunter notwendig, Bauteilöffnungen so zu erstellen, dass betroffene Dämmstoffe entfernt werden können. Auch der einseitige oder sogar beidseitige Rückbau einer Leichtbauwandkonstruktion kann erforderlich werden, um schadhaftes Material zu entfernen und eine nachhaltige Sanierung zu ermöglichen.

Außenwände

Einschalige Massivbauwände und Schächte können durch eine Belüftung mit Trockenluft technisch getrocknet werden. Mehrschalige Außenwände mit Luftschichten und/oder Wärmedämmstoffen können erhebliche Mengen an Feuchte speichern, wenn die Schlagregensicherheit der Fassade nicht mehr in hinreichendem Maße gegeben ist oder wenn Wasserschäden sich bis in den Bereich der Schalenzwischenräume ausbreiten. In der Regel ist es jedoch auch dann möglich, diese Hohlräume mit Trockenluft zu befluten, um einen derartigen Schaden technisch zu trocknen.

Haustrennwände

Ähnlich wie bei den mehrschaligen Außenwänden kann es bei Trennfugen
zwischen Doppel- und Reihenhäusern zu Durchfeuchtungen von Dämmstoffen kommen, die aus Gründen des Schallschutzes im Schalenzwischen-
raum verbaut wurden. Eine zusätzliche Belüftung des Zwischenraums mit
Trockenluft ist in diesen Fällen sehr hilfreich. Dazu werden wie bei schwimmenden Estrichen Bohrungen erstellt, über die dann Trockenluft in die
Hohlräume geleitet werden kann. Es empfiehlt sich, die betroffenen Wände
beider Häuser, die aneinandergrenzen, zusätzlich oberflächlich zu belüften,
um die Bearbeitungszeit zu verkürzen und somit den Stromverbrauch zu
reduzieren.

6.4   Trocknung von Installationskanälen

Wenn Installationskanäle von Wasser erreicht werden, kann das Wasser über
mehrere übereinander liegende Geschosse nach unten durchlaufen und sich
über große Flächen verteilen. Auch Wasserdampf kann sich auf diese Weise
ausbreiten. Innerhalb der Rohrisolierungen von Installationen der Gewerke
Sanitär, Heizung und Lüftung kann eine Wanderung von Flüssigwasser in
senkrechte und in waagerechte Richtung erfolgen. Die technische Trocknung
von Installationskanälen kann in allen Fällen im **Hohlraumtrocknungsverfahren** vorgenommen werden (siehe Kapitel 5.2.3; Abb. 6.16).

In älteren Gebäuden können waagerechte Installationskanäle auch mit Sand
gefüllt sein. Eine technische Trocknung ist dann in der Regel nicht möglich.

Abb. 6.17: Trocknung einer Holzständerkonstruktion (Quelle: U. Lademann)

Abb. 6.18: Holzbalkenlage mit Schüttung nach einem Wasserschaden (Quelle: U. Lademann)

6.5   Trocknung von Holzbalkendecken und Holzkonstruktionen

Für die technische Trocknung bei Wasserschäden an Holzbalkendecken und Holzkonstruktionen (Abb. 6.17) ist eine **ausreichende Belüftung** der betroffenen Bereiche mit getrockneter Luft notwendig.

Die Hohlräume von Holzbalkendecken sind den jeweiligen Anforderungen entsprechend verfüllt oder nicht verfüllt. Füllmaterialien können z. B. Stroh, Schlacke oder Lehm sein. In diesen Fällen ist wie bei schwimmend verlegten Estrichen die Erstellung von Ein- und Auslassöffnungen eine Möglichkeit der Zuleitung von Trockenluft. Die Füllmaterialien sind in der Regel gut zu belüften, sodass sie nicht ausgebaut werden müssen. Es muss allerdings gewährleistet sein, dass eine vollständige Belüftung des Materials erfolgt. Denn wenn durchfeuchtetes Füllmaterial das Holz zu lange umgibt, besteht die Gefahr der Zerstörung der Holzkonstruktion (Abb. 6.18).

Bei Feuchteschäden an Holzkonstruktionen ist besondere Vorsicht und Sorgfalt bei der Sanierung geboten. Holz dehnt sich bei Feuchteaufnahme aus (Quellen) und zieht sich bei Feuchteverlust zusammen (Schwinden). Diese Eigenschaft kann zu Verformungen und Spannungen führen, die die **Stabilität** der gesamten **Konstruktion** beeinträchtigen kann. Bei starken Feuchteschwankungen bzw. einer zu schnellen oder ungleichmäßigen Trocknung können **Risse** im Holz entstehen, die Insekten die Möglichkeit der Ablage von Eiern bieten, aus denen Larven schlüpfen können, die das Holz buchstäblich auffressen. Weiterhin sind bei einer zu schnellen oder ungleichmäßigen Trocknung chemische Reaktionen im Holz möglich, die zu **Verfärbungen** führen, wodurch optische Schäden entstehen.

Durch einen Wasserschaden wird das Wachstum von **holzzerstörenden Pilzen** begünstigt (Abb. 6.19). Entscheidend für das Wachstum dieser Pilze auf Holz ist das Vorhandensein der richtigen Bedingungen in Bezug auf Temperatur und Feuchte. Die bekanntesten und in Deutschland in Gebäuden am verbreitetsten holzzerstörenden Pilze sind der Echte Hausschwamm (*Serpula lacrymans*), der Braune Kellerschwamm (*Coniophora puteana*) und

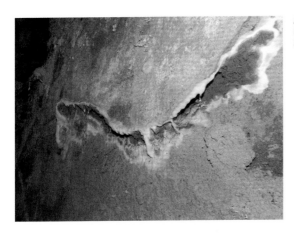

Abb. 6.19: Echter Hausschwamm (Quelle: M. Resch)

der Weiße Porenschwamm (*Poria vaillantii*). Der Echte Hausschwamm kann Feuchte über Myzelstränge transportieren und so auch trockeneres Holz infizieren. Der Braune Kellerschwamm ist vor allem in feuchten Kellern zu finden und befällt häufig erdberührtes Holz. Der Weiße Porenschwamm befällt oft Dielen und Holzbalken in feuchten Umgebungen. Die genannten Pilzarten finden optimale Wachstumsbedingungen bei Temperaturen von ca. 21 bis 24 °C und relativen Luftfeuchten von 30 bis 50 % vor.

Holzzerstörende Insekten benötigen ebenfalls Feuchte zum Wachstum. Durch den Eintrag von Feuchte kann es somit zu einem Befall kommen, selbst wenn über einen längeren Zeitraum keine Anzeichen für diese Insekten vorhanden waren. Auch sehr altes Holz kann für holzzerstörende Insekten (z. B. den Hausbock) wieder attraktiv werden, wenn es durchfeuchtet wird.

Ist ein Befall durch holzzerstörende Pilze oder Insekten erkannt, sind die erforderlichen Maßnahmen unter Einhaltung der DIN 68800-4 „Holzschutz – Teil 4: Bekämpfungsmaßnahmen gegen Holz zerstörende Pilze und Insekten und Sanierungsmaßnahmen" (2020) durchzuführen. Außerdem ist es dann unerlässlich, eine sachverständige Person hinzuzuziehen, die die Art des Befalls genau bestimmen und die erforderlichen Bekämpfungs- und Sanierungsmaßnahmen planen und überwachen kann, um eine erneute Infektion zu verhindern und die Sicherheit des Gebäudes zu gewährleisten.

Praxistipp

Viele Gebäudeversicherungen bieten für Schäden durch holzzerstörende Pilze und Insekten nur einen eingeschränkten Schutz oder schließen diese Schäden ganz aus. Für Versicherungsnehmende ist es deshalb wichtig, die spezifischen Bedingungen und Ausschlüsse des jeweiligen Versicherungsvertrages zu kennen. In vielen Fällen müssen sie nämlich die Kosten für die Sanierung bei Schäden durch holzzerstörende Pilze oder Insekten selbst tragen. Das sollte bekannt sein, bevor die Sanierungsfirma mit den Arbeiten beginnt.

Abb. 6.20: Flach-dachtrocknung (Quelle: U. Lade-mann)

6.6   Trocknung von Flachdachkonstruktionen

Flachdachkonstruktionen sind insofern schadenträchtig, als bei undich-ten Stellen in der Dachabdichtung (Rissen oder Löchern) teilweise große Wassermengen unbemerkt in die Konstruktionsquerschnitte und/oder in die Dämmschichten eindringen können. Weitere Ursachen für Feuchte in Flach-dächern sind Baumängel (unzureichende Dämmung, fehlende Dampfsper-ren), durch die dann Kondensat eindringt, und fehlerhafte Entwässerungen der Dachoberflächen.

Oft werden derartige Schäden erst bemerkt, wenn Wasser buchstäblich aus der Decke tropft. Ist die Ursache erst einmal beseitigt, stellt sich automatisch die Frage nach der bestmöglichen Sanierung. Um eine immer wieder auf-kommende Frage direkt zu beantworten: Ja, Flachdächer **können technisch getrocknet** werden (Abb. 6.20). In vielen Fällen ist eine technische Trock-nung sogar um ein Vielfaches günstiger und nachhaltiger als eine Komplett-sanierung.

Um die Dämmschicht einer Flachdachkonstruktion technisch zu trocknen, ist die Vorgehensweise im Grunde die gleiche wie bei schwimmenden Est-richen. Es werden Lüftungslöcher hergestellt (Abb. 6.21), um die Dämm-schicht mit Trockenluft zu belüften. Mit speziellen Bohrern können dabei solche Löcher hergestellt werden, in die im Anschluss Flachdachstutzen für eine Bitumen- oder Folienabdichtung eingesetzt werden können. Die Quer-schnitte der verwendeten Lüftungsschläuche für die Trocknung sind dann lediglich anzupassen.

Getrocknet wird eine Flachdachkonstruktion im **Schiebe-Zug-Verfahren** (siehe Kapitel 5.2.4), um Überdrücke zu vermeiden, die unter Umständen die Dachhaut anheben und so die Konstruktion beschädigen oder gar zer-stören. Die Durchströmung und auch die Druck- und Wärmeverhältnisse sind dabei stets zu überwachen, um besagte Schäden zu verhindern. Emp-fehlenswert sind Fernsteuerungssysteme (siehe Kapitel 4.11), um den Ver-lauf der technischen Trocknung permanent zu kontrollieren.

Abb. 6.21: Lüftungsstutzen bei einer Flachdachtrocknung (Quelle: U. Lademann)

Abb. 6.22: Geräteschutz durch wetterfeste Boxen bei einer Flachdachtrocknung (Quelle: U. Lademann)

Flachdachtrocknungen sind immer mit einem **erhöhten Aufwand** verbunden. Zum einen muss das gesamte Trocknungsequipment auf das Dach oder in dessen Nähe transportiert werden. Zum anderen ist der Witterungsschutz der Technik sicherzustellen (Abb. 6.22) und mitunter sind auch längere Laufzeiten einzuplanen als bei einer Estrichtrocknung. All dies führt zu Kosten, die in den meisten Standard-Leistungsverzeichnissen nicht geregelt sind.

Grundsätzlich ist die Schadenaufnahme (siehe Kapitel 3.2) wie immer Dreh- und Angelpunkt, um eine technische Trocknung erfolgreich durchzuführen. Teilweise ist es nötig, die Dachhaut zu öffnen, um festzustellen, welche Dämmstoffe eingebracht und in wie vielen Schichten diese verbaut wurden. Die Bauteilöffnung gibt auch Aufschluss über die Beschaffenheit der gesamten Konstruktion in Bezug auf eventuell vorliegende Baumängel. In der Regel kann die Bauteilöffnung auch direkt zum Einbringen eines Lüftungsstutzens genutzt werden.

Praxistipp

Flachdachkonstruktionen sollten nicht in der kalten Jahreszeit, d. h. in den Monaten Oktober bis April, technisch getrocknet werden, da es bei den Temperaturen in diesen Monaten zu Taupunktunterschreitungen im Schlauchsystem der Trocknungstechnik kommen kann, die eine Kondensation zur Folge haben. Dadurch würde zusätzlich Wasser unter die Dachhaut transportiert. Statt getrocknet zu werden, würde das Dach also zusätzlich befeuchtet.

7 Dokumentation, Erfolgsprüfung und Checkliste für die technische Trocknung in der Wasserschadensanierung

7.1 Dokumentation

7.1.1 Bedeutung der Dokumentation

Die umfassende Ermittlung von relevanten Daten und deren Dokumentation vor Beginn einer technischen Trocknung im Rahmen der Schadenaufnahme bis hin zu ihrer Fertigstellung ist ein wichtiges Indiz dafür, ob die Arbeiten ordentlich und **nach anerkannten Regeln der Technik** durchgeführt werden. Es geht dabei um die Qualität und die Nachhaltigkeit der Arbeiten, die fachliche Kompetenz des durchführenden Unternehmens und schlussendlich auch um die Zufriedenheit des Auftraggebers bzw. Geschädigten.

Ein weiterer wichtiger Aspekt für die Dokumentation ist die **Nachweisbarkeit**, falls Haftungsfragen zu klären sind. Häufig werden Trocknungsmaßnahmen beendet, die im Nachhinein angezweifelt werden. Auch werden oft Schädigungen der Bausubstanz und des Inventars eines Gebäudes, in dem eine technische Trocknung stattfand, dem Sanierungsbetrieb vorgeworfen und gar nicht selten landen diese Haftungsansprüche vor Gericht. In solchen Fällen werden dann Sachverständige hinzugezogen, um die Ausführung der Arbeiten zu beurteilen. Wenn dann Messdaten und weitere Details, wie eine ausführliche Schadenanalyse, nicht vorliegen und schlimmstenfalls auch nicht erbracht werden können, spricht das nicht für den Trocknungsbetrieb und eine Beurteilung wird für Sachverständige äußerst schwierig. Die lückenlose Dokumentation des Schadenbildes und der Messdaten vor, während und nach einer technischen Trocknung ist somit unerlässlich, um unbegründete Haftungsansprüche abweisen zu können.

7.1.2 Messprotokoll

Ein aussagefähiges Messprotokoll sollte folgende **Angaben** enthalten:

- Informationen über das Objekt (Gebäude, Etagen, Räumlichkeiten und Skizze),
- Informationen über die Eigentümer und die Bewohnenden,
- Informationen über objektspezifische Eigenschaften (Beschaffenheit der Bausubstanz, Bodenbeläge, Vorschäden usw.),
- Datum des Erstbesuchs,
- Datum des Beginns der technischen Trocknung,
- Daten **aller** Ortstermine und schließlich
- **sämtliche Messdaten**, die den Verlauf der technischen Trocknung aufzeigen, und wer sie erhoben hat.

Es sind immer Messungen **mehrerer Parameter** (z. B. relative Luftfeuchte, Lufttemperatur, Strömungswerte) und **mehrere Messmethoden** (z. B.

dielektrische Messverfahren, Widerstandsmessung, siehe Kapitel 3.1.4.2 bis 3.1.4.4) im Messprotokoll aufzuführen. Erst durch die gründliche Erfassung der Messwerte und deren Auswertung (absolute Feuchte) mit den dazugehörigen Ortsterminen (Datum und ggf. Uhrzeit) ist eine Erfolgskontrolle möglich.

Eventuell sind nach der Ermittlung der Messdaten Maßnahmen erforderlich, die die Effizienz der Trocknung verbessern und/oder die eingesetzte Technik reduzieren, um Energie einzusparen. Deshalb ist es zwingend erforderlich, Messdaten unmittelbar nach der Erfassung, d. h. direkt vor Ort, einzutragen und auszuwerten.

Moderne digitale Systeme ermöglichen die Fernüberwachung eines Objektes, wodurch Zwischenmessungen entfallen können (siehe Kapitel 4.11). Einige dieser Fernsteuerungssysteme nehmen der trocknungstechnischen Fachkraft sogar Maßnahmen zur Verbesserung der Effizienz ab, indem sie Luftströme „intelligent" steuern und sogar ganze Trocknungseinheiten selbstständig abschalten. Diese Systeme sind zukunftsorientiert, erhöhen die Effizienz einer technischen Trocknung, sind energiesparend und helfen letztlich, Kosten zu senken.

7.2   Erfolgsprüfung

7.2.1   Effizienz der technischen Trocknung

Für die Beurteilung der Effizienz einer technischen Trocknung stehen zunächst die technischen Parameter im Vordergrund, also die Funktion der Trocknungsgeräte, die bauliche Beschaffenheit des zu trocknenden Bereiches, die Möglichkeit der Entwässerung und nicht zuletzt die Energieversorgung des verwendeten Geräteparks. Das Motto „Viel hilft viel" trifft in der technischen Trocknung nicht zu, ganz im Gegenteil: Die Auswahl der **Trocknungstechnik** sollte der Größe des **Trocknungsbereiches**, also den Flächen und dem Raumvolumen, **genau angepasst** sein (zur Gerätetechnik siehe Kapitel 4, zur Dimensionierung siehe Kapitel 4.1 und 4.2). Um in der Praxis einen optimalen Quotienten zwischen Energieverbrauch und Trocknungsleistung zu erreichen, d. h. eine möglichst große Entfeuchtungsleistung bei gleichzeitig möglichst geringem Energieverbrauch, sollte der einzusetzende Gerätepark sorgfältig geplant werden.

Weitere Faktoren für die Effizienz einer technischen Trocknung betreffen die **Räumlichkeit** an sich:

- Ist die Immobilie bewohnt oder unbewohnt?
- Gibt es Abluftmöglichkeiten?
- Ist eine automatische Entwässerung notwendig oder gibt es Personal vor Ort, das beispielsweise Behälter von Kondenstrocknern entleeren kann?
- Ist eine ausreichende Energieversorgung vorhanden?

Diese Fragen beeinflussen die Wahl des Trocknungsgerätes sowie der zugehörigen Lüftungstechnik und die Effizienz der Trocknung enorm.

Die **Energieversorgung** ist immer vorab zu klären und während der Trocknungsmaßnahme zu prüfen. Nicht selten kollabiert die Stromversorgung Stunden nach dem Aufbau einer Trocknungsanlage aufgrund einer Überbelastung der Stromkreise, die den Sicherungsautomaten auslöst. Oder die Anlage fällt aus, weil Bewohnende oder handwerkliche Fachkräfte gerne mal den Stecker herausziehen, um die Steckdose selbst zu nutzen, ohne die Stromversorgung der Trocknungsanlage danach wieder einzustecken. Eine kontinuierliche Überprüfung der eingesetzten Technik ist auch aus diesen Gründen unumgänglich.

Auch die **Entfeuchtungsleistung** des eingesetzten Trocknungsgerätes muss einer kontinuierlichen Überprüfung unterliegen. Defekte von Trocknungsgeräten kommen vor und sind durch die kontinuierliche Überprüfung zeitnah feststellbar, was einer ungeplanten Verlängerung der Gesamtlaufzeit einer Trocknungsmaßname entgegenwirkt.

Optimale Trocknungszeiten werden erreicht, wenn:

- überschüssiges Wasser in Bauteilkonstruktionen vorher abgesaugt wurde,
- die Raumtemperaturen dem Wirkungsbereich der Trocknungsgeräte entsprechen (ca. 15 bis 25 °C),
- Kernlochbohrungen und Entlastungsöffnungen optimal angebracht wurden,
- das Luftabsaugvolumen ausreichend für die betroffenen Flächen dimensioniert wurde,
- die Strömungsgeschwindigkeit an den Entlastungsöffnungen mindestens 0,3 m/s beträgt und
- die Trocknungsanlagen ohne Unterbrechung bis zum Erreichen der bauwerksbedingten Ausgleichsfeuchte durchlaufen.

Praxistipp

Die Trocknungsanlagen sollten mindestens 12 Stunden täglich dauerhaft in Betrieb sein, um eine effektive technische Trocknung zu gewährleisten. Bestenfalls läuft die installierte Technik 24 Stunden am Tag, also ohne Unterbrechung.

Fazit

Wenn das Trocknungsobjekt optimal vorbereitet ist, die richtige Technik, angepasst an das zu trocknende Bauwerk, verwendet und eine gute Luftströmung erreicht wird, ist bei stabiler Stromversorgung und technisch einwandfreien Trocknungsgeräten eine erfolgreiche und effiziente Trocknung gegeben.

7.2.2 Eintritt des Trocknungserfolgs

Der Erfolg der technischen Trocknung ist eingetreten und die technische Trocknung kann beendet werden, wenn die ermittelten **Messergebnisse** mit den Werten der bauwerksbedingten **Ausgleichsfeuchte** nahezu **übereinstimmen** (siehe hierzu auch Kapitel 2.1.4 und 3.1.4.5). Denn die bauwerksbedingte Ausgleichsfeuchte bezeichnet den Feuchtegehalt in Baustoffen, der sich innerhalb des Gebäudes unter stabilen klimatischen Bedingungen (Temperatur, Luftfeuchte, absolute Feuchte) einstellt und im Feuchtegleichgewicht mit den umgebenden, also nicht von dem Schadenereignis betroffenen, Bereichen steht. Der Begriff der bauwerksbedingten Ausgleichsfeuchte bezeichnet demnach den Zustand des Gebäudebereiches, der vor einem Schadenereignis vorhanden war.

> **Praxistipp**
>
> Eine umfassende Schadenaufnahme ist das Mittel der Wahl zur Abgrenzung des Feuchtegehalts, der sich durch ein Schadenereignis eingestellt hat, von dem Zustand, der vor diesem Ereignis herrschte. Es empfiehlt sich immer, sog. Referenzwerte zu ermitteln, die den bauwerksbedingten Feuchtegehalt widerspiegeln. Diese Werte sind fast immer im Gebäude eruierbar, da selten die gesamte Bausubstanz von einem Wasserschaden betroffen ist. Referenzwerte lassen sich bei Doppelhaushälften auch im Nachbargebäude ermitteln oder bei bauähnlichen Objekten in der unmittelbaren Umgebung des betroffenen Gebäudes.

Bei **Estrichdämmschichttrocknungen** ist die Messung des Feuchtegehaltsunterschieds zwischen der technisch getrockneten Luft am Lufteintritt und der Luft, die Feuchte aus dem Dämmstoff aufgenommen hat, am Luftaustritt ein zusätzliches Hilfsmittel, um festzustellen, ob noch eine Entfeuchtung stattfindet oder sich das Klima der beiden Messpunkte bereits angeglichen hat. Der Unterschied zwischen der Messung am Lufteintritt und der Messung am Luftaustritt sollte 1,2 g/m³ nicht überschreiten; dann ist das Ziel der Entfeuchtung erreicht. Keinesfalls jedoch ist dieses Messergebnis allein zu verwenden. Weitere Messungen (dielektrische Messverfahren, Widerstandsmessung, Messung von Luftfeuchte und Lufttemperatur zur Ermittlung der absoluten Feuchte) sind immer durchzuführen, um die Materialfeuchte während der Trocknungsmaßnahme mit der bauwerksbedingten Ausgleichsfeuchte vergleichen zu können. Nach aktuellem Stand der Technik empfiehlt es sich, mindestens 2 Messverfahren (siehe hierzu Kapitel 3.1) anzuwenden und natürlich zu protokollieren.

Im WTA-Merkblatt 6-16 (2019) wird in Abschnitt 5.1 „Erfolgskontrolle bei Dämmschichttrocknungen" beschrieben, wann eine Estrichdämmschichttrocknung erfolgreich abgeschlossen ist, nämlich wenn sich im Bohrloch (Prozessluftöffnung) klimatische Bedingungen von 8 g Wasser pro Kilogramm Luft eingestellt haben. Dies gilt jedoch nur für Messwerte im Gebäudebestand und nicht für Neubauten, da dort die Restfeuchte aus der Bauphase nicht unberücksichtigt bleiben kann.

7.3 Checkliste

Damit keine Details übersehen werden, was im Nachhinein zu Mängeln oder unnötigen Problemen führen kann, ist eine Checkliste sehr nützlich. Die folgende Checkliste soll dabei unterstützen, die geplante technische Trocknung erfolgreich umzusetzen und Fehler zu vermeiden.

7.3.1 Erstmaßnahmen zur Schadenminderung und Maßnahmen bei der Installation und Inbetriebnahme der Technik

Nach einem Schadenereignis sind sofortige Maßnahmen für eine Schadenminderung und die Vermeidung von Folgeschäden entscheidend. Die von den Geschädigten und von den Fachunternehmen einzuleitenden Maßnahmen können sich überschneiden. Bei allem Handeln muss die Sicherheit im Vordergrund stehen.

Erstmaßnahmen von den Geschädigten:

- sofort die Stromversorgung in den betroffenen Bereichen abschalten, um Kurzschlüssen oder Stromschlägen vorzubeugen; beachten, dass bei Überflutung eines Kellers durch Starkregen (Elementarschaden) der Strom bereits fließt und der Keller nicht mehr betreten werden darf
- ggf. Unterbrechung der Brennstoffversorgung, um austretendes Gas oder Öl zu verhindern (Umweltschaden)
- ggf. Sicherung betroffener Bereiche gegen Unfälle
- Wasserzufuhr, ggf. am Haupthahn, stoppen
- stehendes Wasser so schnell wie möglich mit Pumpen, Nasssaugern oder Eimern entfernen, um weitere Schäden an Böden, Wänden und Möbeln zu verhindern
- Möbelstücke, Teppiche und elektronische Geräte aus dem betroffenen Bereich entfernen oder hochstellen, um sie vor weiterem Schaden zu schützen
- Fenster öffnen, um die Belüftung zu verbessern und die Verdunstung zu fördern
- den Schaden mit Fotos und Videos dokumentieren, um Beweise für die Versicherung zu sichern
- notieren, welche Bereiche betroffen sind, und welche Gegenstände beschädigt wurden
- bei größeren Schäden sofort Fachkräfte für die Wasserschadensanierung kontaktieren, die die weiteren Schritte übernehmen können (Installations-, Elektrotechnik-, Trocknungs- oder Sanierungsunternehmen)
- den Schaden umgehend der Versicherung melden und mit dieser die nächsten Schritte abklären

Erstmaßnahmen von dem Fachunternehmen:

- stehendes Wasser so schnell wie möglich mit Pumpen oder Nasssaugern entfernen
- Möbelstücke, Teppiche und elektronische Geräte aus dem betroffenen Bereich entfernen oder hochstellen

- Aufstellen von Luftentfeuchtern und Ventilatoren, um frühzeitig Schimmelpilzprävention zu betreiben, indem betroffene Bereiche sofort getrocknet werden
- Ursache des Wasserschadens ermitteln (z. B. Rohrbruch, undichte Stelle in der Gebäudeentwässerung), um durch eine umgehende Reparatur oder provisorische Abdichtung der Leckage dem Haushalt die weiterhin ungehinderte Wasserentnahme und somit die uneingeschränkte Bewohnbarkeit der Immobilie zu ermöglichen
- den Feuchtegrad in Wänden, Böden und Decken messen, um die Ausbreitung der Feuchte festzustellen und weitere Maßnahmen einleiten zu können
- ggf. eine begutachtende Person der Versicherung oder eine unabhängige sachverständige Person anfordern, um den Schaden professionell bewerten zu lassen

Maßnahmen bei der Installation und Inbetriebnahme der Technik:

- Trocknungsgeräte aufbauen und zusätzliche Technik, wie Turbinen oder Seitenkanalverdichter, Ventilatoren und Heizgeräte, bedarfsgerecht integrieren
- die Geräte so positionieren, dass eine optimale Luftzirkulation gewährleistet werden kann
- Stromversorgung bereitstellen, ggf. Verlängerungskabel oder Stromgenerator und geeichte Stromzähler bereitstellen
- Trockner einmessen (Differenz zwischen Lufteingang und Luftausgang am Trockner = Entfeuchtungsleistung)
- Feuchtewerte erneut erfassen (inklusive raumphysikalischer Parameter), vorzugsweise an den bereits festgelegten (repräsentativen) Messpunkten, und im Messprotokoll dokumentieren
- Trocknungstechnik in Betrieb nehmen und auf Dichtheit und Funktion prüfen
- Luftzirkulation sicherstellen – Durchströmungswerte ermitteln und ggf. Änderungen an der Anlage vornehmen, wenn diese nicht optimal sind
- parallel zu den vorigen Punkten Akte für Auftraggeber (digital oder analog) führen, den Bewohnenden alles erklären und aufkommende Fragen sofort besprechen

7.3.2 Maßnahmen während, am Ende und nach der Trocknung

Maßnahmen bei der Überwachung (während der Trocknung) und Optimierung durch Anpassung:

- regelmäßige Kontrollen und Feuchtemessungen durchführen und dokumentieren (alternativ: Fernsteuerungssystem einsetzen)
- Funktion der Trocknungsgeräte überprüfen (Leistung, Geräusche, Luftstrom)
- bei erkennbar zu langsamer Trocknung zusätzliche Geräte hinzufügen oder Trocknungstechnik anpassen
- Raumklima überwachen und ggf. Technik anpassen
- Geräteausfälle sofort beheben und Ursachen abstellen
- Luftkanäle und Filter regelmäßig prüfen und ggf. reinigen

Maßnahmen bei Abschluss der Trocknung:

- abschließende Feuchtemessungen durchführen, Messung mehrerer Parameter (relative Luftfeuchte, Lufttemperatur) und Einsatz mehrerer Messmethoden (z. B. dielektrische Messverfahren, Widerstandsmessung)
- Messergebnisse im Messprotokoll eintragen
- sicherstellen, dass die Restfeuchte im Bereich der bauwerksbedingten Ausgleichsfeuchte liegt
- kontrollieren, ob alle Bereiche ordnungsgemäß getrocknet und keine Nachbesserungen erforderlich sind
- auf sichtbare Schäden, Risse, auf Gerüche und eventuell erneute Schimmelpilzbildung prüfen
- Trocknungsgeräte und weiteres Equipment ordnungsgemäß abbauen und zum professionellen Reinigen in die Werkstatt transportieren (Achtung: **nicht ungereinigt** in einem anderen Objekt einsetzen)

Maßnahmen nach der Trocknung – Dokumentation und Nachkontrolle:

- detaillierten Bericht mit allen Messwerten, Geräten, durchgeführten Maßnahmen und (je nach Bedarf) Fotos der betroffenen Bereiche vor und nach der Trocknung erstellen
- Vergleich der Feuchtewerte vor und nach der Trocknung
- Auftraggeber über den erfolgreichen Abschluss der Arbeiten informieren und Bericht übergeben
- im Bedarfsfall Nachkontrolle einige Wochen nach der Trocknung durchführen, um sicherzustellen, dass keine erneuten Feuchteprobleme auftreten

8 Rechtliche Grundlagen für die Wasserschadensanierung

8.1 Merkblätter und Richtlinien

Die technische Trocknung in der Wasserschadensanierung war lange Zeit ein nicht geregeltes Tätigkeitsfeld. Erst im August 2013 brachte die Wissenschaftlich-Technische Arbeitsgemeinschaft für Bauwerkserhaltung und Denkmalpflege e. V. das WTA-Merkblatt 6-15 zur technischen Trocknung durchfeuchteter Bauteile heraus; im Januar 2019 folgte dann in Ergänzung zu diesem Merkblatt das WTA-Merkblatt 6-16. Aber auch die Versicherungsbranche war nicht untätig. Der Gesamtverband der deutschen Versicherungswirtschaft e. V. (GDV) bildete eine Arbeitsgruppe und veröffentlichte im Juni 2014 die VdS-Richtlinie 3151 zur Schimmelpilzsanierung nach Leitungswasserschäden, die im Jahre 2020 aktualisiert wurde. Im März 2018 folgte dann die VdS-Richtlinie 3150 zur Leitungswasserschadensanierung. Hinzugekommen ist schließlich im Februar 2023 noch das VdS-Merkblatt 3154 zu Fäkalwasserschäden. Somit entstanden innerhalb von 10 Jahren **5 Merkblätter** und **Richtlinien** für die Branche der **Wasserschadensanierung**, die als Nachschlagewerke und Grundlagen für die Sanierung von Wasserschäden dienen sollen:

- WTA-Merkblatt 6-15 „Technische Trocknung durchfeuchteter Bauteile – Teil 1: Grundlagen" (2013),
- WTA-Merkblatt 6-16 „Technische Trocknung durchfeuchteter Bauteile – Planung, Ausführung und Kontrolle" (2019),
- VdS-Richtlinie 3150 „Richtlinien zur Leitungswasserschaden-Sanierung" (2018),
- VdS-Richtlinie VdS 3151 „Richtlinien zur Schimmelpilzsanierung nach Leitungswasserschäden" (2020) und
- VdS-Merkblatt 3154 „Fäkalwasserschäden (Schwarzwasserschäden)" (2023).

8.2 Rechtlicher Ablauf einzelner Schritte bei der Wasserschadensanierung

Die Chronologie der notwendigen Schritte, die bei einer Wasserschadensanierung zu unternehmen sind, gliedert sich in folgende Punkte (nach VdS-Richtlinie 3150 [2018], S. 5):

- Schadenaufnahme (siehe Kapitel 3.2),
- Angebot,
- Auftragserteilung,
- Abtretungserklärung,
- Messprotokoll (siehe Kapitel 7.1.2),
- Fertigstellungsmeldung,

- Abnahme,
- Widerrufsbelehrung,
- Rechnung und
- ggf. Mahnung.

Praxistipp

Formularvorlagen für die in der Aufzählung genannten Punkte und weitere hilfreiche Informationen hierzu finden sich in der VdS-Richtlinie 3150 (2018), S. 6 ff., und in dem WTA-Merkblatt 6-15 (2013).

Für eine fach- und sachgerechte Sanierung von Wasserschäden ist es unabdinglich, neben der Dokumentation der Sanierungsarbeiten (siehe Kapitel 7.1 und 7.2) weitere Dokumente, wie Angebot oder Fertigstellungsmeldung, zu erstellen. In der Regel geht das ausführende Unternehmen mit dem Geschädigten (Auftraggeber) einen Werkvertrag nach dem Bürgerlichen Gesetzbuch (BGB) vom 2. Januar 2002, § 631 BGB, ein. Seltener – meistens bei öffentlichen Auftraggebern oder auch während einer Bauphase – kann es auch zu VOB-Verträgen kommen. In beiden Fällen geht der Sanierung nach der **Schadenaufnahme** ein **Angebot** voraus, das alle anstehen Arbeiten berücksichtigt. Dieses Angebot muss dann von dem Geschädigten bzw. Auftraggeber schriftlich beauftragt werden: Dies ist die **Auftragserteilung**. Bei versicherten Leitungswasserschäden, die über eine Gebäude- oder Haftpflichtversicherung reguliert werden, kann es von Vorteil sein, mit einer **Abtretungserklärung** zu arbeiten. Diese hat den Vorteil, dass die Versicherung direkt mit dem Sanierungsunternehmen abrechnen kann.

Spätestens mit Beginn der technischen Trocknung muss das **Messprotokoll** geführt werden. Besser ist es natürlich, wenn die Messwerte aus der Schadenaufnahme schon eingetragen sind (siehe Kapitel 7.1.2). Ist die Sanierungsmaßnahme erfolgreich abgeschlossen, sieht das BGB eine **Fertigstellungsmeldung** vor, die von dem Sanierungsunternehmen an den Auftraggeber geschickt werden muss. Darin wird angezeigt, dass die vereinbarten Sanierungsarbeiten abgeschlossen sind und der Auftraggeber sich innerhalb einer angemessenen Frist (in der Regel 12 Werktage) mit dem Sanierungsunternehmen zur gemeinsamen **Abnahme** der Leistungen vor Ort zu treffen hat. Lässt der Auftraggeber diese Frist verstreichen, gilt das Werk als abgenommen. Liegt eine unterschriebene Abnahme vor, kann die **Rechnung** gemäß Auftragserteilung gestellt werden. Mit der Rechnung wird die **Widerrufsbelehrung** verschickt.

In der Sanierung von Wasserschäden werden Fertigstellungsmeldung und Abnahme zumeist ausgelassen, da die Auftraggeber in den seltensten Fällen beurteilen können, ob die erbrachte Leistung (z. B. eine Estrichdämmschichttrocknung) erfolgreich ist oder nicht. Das BGB schreibt dennoch ganz klar vor, dass bei einem Werkvertrag eine Abnahme zu erfolgen hat.

8.3   Abnahme und Widerrufsbelehrung: Gesetzestexte und Muster

Die Abnahme ist für den Werkvertrag in § 640 BGB geregelt:

„§ 640 BGB Abnahme

(1) Der Besteller ist verpflichtet, das vertragsmäßig hergestellte Werk abzunehmen, sofern nicht nach der Beschaffenheit des Werkes die Abnahme ausgeschlossen ist. Wegen unwesentlicher Mängel kann die Abnahme nicht verweigert werden.

(2) Als abgenommen gilt ein Werk auch, wenn der Unternehmer dem Besteller nach Fertigstellung des Werks eine angemessene Frist zur Abnahme gesetzt hat und der Besteller die Abnahme nicht innerhalb dieser Frist unter Angabe mindestens eines Mangels verweigert hat. Ist der Besteller ein Verbraucher, so treten die Rechtsfolgen des Satzes 1 nur dann ein, wenn der Unternehmer den Besteller zusammen mit der Aufforderung zur Abnahme auf die Folgen einer nicht erklärten oder ohne Angabe von Mängeln verweigerten Abnahme hingewiesen hat; der Hinweis muss in Textform erfolgen.

(3) Nimmt der Besteller ein mangelhaftes Werk gemäß Absatz 1 Satz 1 ab, obschon er den Mangel kennt, so stehen ihm die in § 634 Nr. 1 bis 3 bezeichneten Rechte nur zu, wenn er sich seine Rechte wegen des Mangels bei der Abnahme vorbehält.“

Das BGB trifft in § 355 BGB auch Regelungen für das Widerrufsrecht. Ein Muster für die Widerrufsbelehrung stellt das Einführungsgesetz zum Bürgerlichen Gesetzbuche vom 21. September 1994 in seiner Anlage 1 (zu Artikel 246a § 1 Absatz 2 Satz 2) zur Verfügung. Ein Muster-Widerrufsformular findet sich z. B. bei der Handwerkskammer Konstanz (Abb. 8.1; Download unter https://www.hwk-konstanz.de/artikel/neue-muster-widerrufs formulare-des-zdh-64,0,2716.html → Muster: Widerrufsbelehrung Dienst- bzw. Werkvertrag).

„§ 355 BGB Widerrufsrecht bei Verbraucherverträgen

(1) Wird einem Verbraucher durch Gesetz ein Widerrufsrecht nach dieser Vorschrift eingeräumt, so sind der Verbraucher und der Unternehmer an ihre auf den Abschluss des Vertrags gerichteten Willenserklärungen nicht mehr gebunden, wenn der Verbraucher seine Willenserklärung fristgerecht widerrufen hat. Der Widerruf erfolgt durch Erklärung gegenüber dem Unternehmer. Aus der Erklärung muss der Entschluss des Verbrauchers zum Widerruf des Vertrags eindeutig hervorgehen. Der Widerruf muss keine Begründung enthalten. Zur Fristwahrung genügt die rechtzeitige Absendung des Widerrufs.

(2) Die Widerrufsfrist beträgt 14 Tage. Sie beginnt mit Vertragsschluss, soweit nichts anderes bestimmt ist.

(3) Im Falle des Widerrufs sind die empfangenen Leistungen unverzüglich zurückzugewähren. Bestimmt das Gesetz eine Höchstfrist für die Rückgewähr, so beginnt diese für den Unternehmer mit dem Zugang und für den Verbraucher mit der Abgabe der Widerrufserklärung. Ein Verbraucher wahrt diese Frist durch die rechtzeitige Absendung der Waren. Der Unternehmer trägt bei Widerruf die Gefahr der Rücksendung der Waren.“

„Anlage 1 (zu Artikel 246a § 1 Absatz 2 Satz 2)

[...]

Widerrufsbelehrung

Widerrufsrecht

Sie haben das Recht, binnen vierzehn Tagen ohne Angabe von Gründen diesen Vertrag zu widerrufen.

Die Widerrufsfrist beträgt vierzehn Tage ab dem Tag   .

Um Ihr Widerrufsrecht auszuüben, müssen Sie uns (   ) mittels einer eindeutigen Erklärung (z. B. ein mit der Post versandter Brief oder eine E-Mail) über Ihren Entschluss, diesen Vertrag zu widerrufen, informieren. Sie können dafür das beigefügte Muster-Widerrufsformular verwenden, das jedoch nicht vorgeschrieben ist.

Zur Wahrung der Widerrufsfrist reicht es aus, dass Sie die Mitteilung über die Ausübung des Widerrufsrechts vor Ablauf der Widerrufsfrist absenden.

Folgen des Widerrufs

Wenn Sie diesen Vertrag widerrufen, haben wir Ihnen alle Zahlungen, die wir von Ihnen erhalten haben, einschließlich der Lieferkosten (mit Ausnahme der zusätzlichen Kosten, die sich daraus ergeben, dass Sie eine andere Art der Lieferung als die von uns angebotene, günstigste Standardlieferung gewählt haben), unverzüglich und spätestens binnen vierzehn Tagen ab dem Tag zurückzuzahlen, an dem die Mitteilung über Ihren Widerruf dieses Vertrags bei uns eingegangen ist. Für diese Rückzahlung verwenden wir dasselbe Zahlungsmittel, das Sie bei der ursprünglichen Transaktion eingesetzt haben, es sei denn, mit Ihnen wurde ausdrücklich etwas anderes vereinbart; in keinem Fall werden Ihnen wegen dieser Rückzahlung Entgelte berechnet.“

Muster-Widerrufsformular

(Wenn Sie den Vertrag widerrufen wollen, dann füllen Sie bitte dieses Formular aus und senden Sie es zurück.)

An *(hier ist der Name, die Anschrift und die E-Mail-Adresse des Unternehmens durch das Unternehmen einzufügen)*:

Hiermit widerrufe(n) ich/wir[*] den von mir/uns[*] abgeschlossenen Vertrag über die Erbringung der folgenden Dienstleistung:

....

....

bestellt am ....

(Absendeadresse:)

Name:

....

Anschrift:

....

....

....

Unterschrift
(nur bei Mitteilung auf Papier)

Datum, ...

[*] Unzutreffendes streichen

Abb. 8.1: Muster-Widerrufsformular (Quelle: nach Handwerkskammer Konstanz, Konstanz)

9 Anhang

9.1 Normen, Rechtsvorschriften und Literatur

Normen

DIN 18531-1:2017-07 Abdichtung von Dächern, Balkonen, Loggien und Laubengängen – Teil 1: Nicht genutzte und genutzte Dächer – Anforderungen, Planungs- und Ausführungsgrundsätze

DIN 18531-2:2017-07 Abdichtung von Dächern, Balkonen, Loggien und Laubengängen – Teil 2: Nicht genutzte und genutzte Dächer – Stoffe

DIN 18531-3:2017-07 Abdichtung von Dächern, Balkonen, Loggien und Laubengängen – Teil 3: Nicht genutzte und genutzte Dächer – Auswahl, Ausführung, Details

DIN 18531-4:2017-07 Abdichtung von Dächern, Balkonen, Loggien und Laubengängen – Teil 4: Nicht genutzte und genutzte Dächer – Instandhaltung

DIN 18531-5:2017-07 Abdichtung von Dächern, Balkonen, Loggien und Laubengängen – Teil 5: Balkone, Loggien und Laubengänge

DIN 18532-1:2017-07 Abdichtung von befahrbaren Verkehrsflächen aus Beton – Teil 1: Anforderungen, Planungs- und Ausführungsgrundsätze

DIN 18532-2:2017-07 Abdichtung von befahrbaren Verkehrsflächen aus Beton – Teil 2: Abdichtung mit einer Lage Polymerbitumen-Schweißbahn und einer Lage Gussasphalt

DIN 18532-3:2017-07 Abdichtung von befahrbaren Verkehrsflächen aus Beton – Teil 3: Abdichtung mit zwei Lagen Polymerbitumenbahnen

DIN 18532-4:2017-07 Abdichtung von befahrbaren Verkehrsflächen aus Beton – Teil 4: Abdichtung mit einer Lage Kunststoff- oder Elastomerbahn

DIN 18532-5:2017-07 Abdichtung von befahrbaren Verkehrsflächen aus Beton – Teil 5: Abdichtung mit einer Lage Polymerbitumenbahn und einer Lage Kunststoff- oder Elastomerbahn

DIN 18532-6:2017-07 Abdichtung von befahrbaren Verkehrsflächen aus Beton – Teil 6: Abdichtung mit flüssig zu verarbeitenden Abdichtungsstoffen

DIN 18533-1:2017-07 Abdichtung von erdberührten Bauteilen – Teil 1: Anforderungen, Planungs- und Ausführungsgrundsätze

DIN 18533-2:2017-07 Abdichtung von erdberührten Bauteilen – Teil 2: Abdichtung mit bahnenförmigen Abdichtungsstoffen

DIN 18533-3:2017-07 Abdichtung von erdberührten Bauteilen – Teil 3: Abdichtung mit flüssig zu verarbeitenden Abdichtungsstoffen

DIN 18534-1:2017-07 Abdichtung von Innenräumen – Teil 1: Anforderungen, Planungs- und Ausführungsgrundsätze

DIN 18534-2:2017-07 Abdichtung von Innenräumen – Teil 2: Abdichtung mit bahnenförmigen Abdichtungsstoffen

DIN 18534-3:2017-07 Abdichtung von Innenräumen – Teil 3: Abdichtung mit flüssig zu verarbeitenden Abdichtungsstoffen im Verbund mit Fliesen und Platten (AIV-F)

DIN 18534-4:2017-07 Abdichtung von Innenräumen – Teil 4: Abdichtung mit Gussasphalt oder Asphaltmastix

DIN 18534-5:2017-08 Abdichtung von Innenräumen – Teil 5: Abdichtung mit bahnenförmigen Abdichtungsstoffen im Verbund mit Fliesen und Platten (AIV-B)

DIN 18534-6:2017-08 Abdichtung von Innenräumen – Teil 6: Abdichtung mit plattenförmigen Abdichtungsstoffen im Verbund mit Fliesen und Platten (AIV-P)

DIN 18535-1:2017-07 Abdichtung von Behältern und Becken – Teil 1: Anforderungen, Planungs- und Ausführungsgrundsätze

DIN 18535-2:2017-07 Abdichtung von Behältern und Becken – Teil 2: Abdichtung mit bahnenförmigen Abdichtungsstoffen

DIN 18535-3:2017-07 Abdichtung von Behältern und Becken – Teil 3: Abdichtung mit flüssig zu verarbeitenden Abdichtungsstoffen

DIN 18560-1:2021-02 Estriche im Bauwesen – Teil 1: Allgemeine Anforderungen, Prüfung und Ausführung

DIN 18560-2:2022-08 Estriche im Bauwesen – Teil 2: Estriche und Heizestriche auf Dämmschichten (schwimmende Estriche)

DIN 18560-3:2006-03 Estriche im Bauwesen – Teil 3: Verbundestriche

DIN 18560-4:2012-06 Estriche im Bauwesen – Teil 4: Estriche auf Trennschicht

DIN 18560-7:2004-04 Estriche im Bauwesen – Teil 7: Hochbeanspruchbare Estriche (Industrieestriche)

DIN 68800-4:2020-12 Holzschutz – Teil 4: Bekämpfungsmaßnahmen gegen Holz zerstörende Pilze und Insekten und Sanierungsmaßnahmen

DIN EN 1822-1:2019-10 Schwebstofffilter (EPA, HEPA und ULPA) – Teil 1: Klassifikation, Leistungsprüfung, Kennzeichnung

DIN EN 1995-1-1/ NA:2013-08 Nationaler Anhang – National festgelegte Parameter – Eurocode 5: Bemessung und Konstruktion von Holzbauten – Teil 1-1: Allgemeines – Allgemeine Regeln und Regeln für den Hochbau

DIN EN IEC 60751:2023-06 Industrielle Platin-Widerstandsthermometer und Platin-Temperatursensoren

DIN EN ISO 16890-1:2017-08 Luftfilter für die allgemeine Raumlufttechnik – Teil 1: Technische Bestimmungen, Anforderungen und Effizienzklassifizierungssystem, basierend auf dem Feinstaubabscheidegrad (ePM)

VOB/A DIN 1960:2019-09 Vergabe- und Vertragsordnung für Bauleistungen – Teil A: Allgemeine Bestimmungen für die Vergabe von Bauleistungen

VOB/B DIN 1961:2016-09 Vergabe- und Vertragsordnung für Bauleistungen – Teil B: Allgemeine Vertragsbedingungen für die Ausführung von Bauleistungen

VOB/C 2023-09 Vergabe- und Vertragsordnung für Bauleistungen – Teil C: Allgemeine Technische Vertragsbedingungen für Bauleistungen (ATV)

VOB/C ATV DIN 18353:2023-09 Estricharbeiten

Rechtsvorschriften

Abfallverzeichnis-Verordnung: Verordnung über das Europäische Abfallverzeichnis (Abfallverzeichnis-Verordnung – AVV) vom 10.12.2001, zuletzt geändert am 30.06.2020

Arbeitsschutzgesetz: Gesetz über die Durchführung von Maßnahmen des Arbeitsschutzes zur Verbesserung der Sicherheit und des Gesundheitsschutzes der Beschäftigten bei der Arbeit (Arbeitsschutzgesetz – ArbSchG) vom 07.08.1996, zuletzt geändert am 15.07.2024

Bauordnung für das Land Nordrhein-Westfalen (Landesbauordnung 2018 – BauO NRW 2018) vom 21.07.2018, zuletzt geändert am 31.10.2023

Bürgerliches Gesetzbuch in der Fassung der Bekanntmachung vom 02.01.2002, zuletzt geändert am 23.10.2024

Einführungsgesetz zum Bürgerlichen Gesetzbuche in der Fassung der Bekanntmachung vom 21.09.1994, zuletzt geändert am 23.10.2024

Gebäudeenergiegesetz: Gesetz zur Einsparung von Energie und zur Nutzung erneuerbarer Energien zur Wärme- und Kälteerzeugung in Gebäuden (Gebäudeenergiegesetz – GEG) vom 08.08.2020, zuletzt geändert am 16.10.2023

Gefahrstoffverordnung: Verordnung zum Schutz vor Gefahrstoffen (Gefahrstoffverordnung – GefStoffV) vom 26.11.2010, zuletzt geändert am 21.07.2021

Kreislaufwirtschaftsgesetz: Gesetz zur Förderung der Kreislaufwirtschaft und Sicherung der umweltverträglichen Bewirtschaftung von Abfällen (Kreislaufwirtschaftsgesetz – KrWG) vom 24.02.2012, zuletzt geändert am 02.03.2023

Verordnung zur arbeitsmedizinischen Vorsorge (ArbMedVV) vom 18.12.2008, zuletzt geändert am 12.07.2019

Literatur

BEB-Merkblatt 6.3 Hinweise für den Auftraggeber für die Zeit nach der Verlegung von Zementestrichen auf Trenn- und/oder Dämmschichten. Troisdorf-Oberlar: Bundesverband Estrich und Belag e. V., 2017

DGUV-Information 201-028 Gesundheitsgefährdungen durch Biostoffe bei der Schimmelpilzsanierung. Stand: November 2022. Berlin: Deutsche Gesetzliche Unfallversicherung e. V. (DGUV), 2022 [online]. Internet: https://publikationen.dguv.de/ widgets/pdf/download/ article/644 [Zugriff: 27.10.2024]

FUSSBODEN ATLAS®. Fussböden richtig planen und ausführen. Unger, Alexander. 2 Bände. 7. Aufl. Donauwörth: QUO-VADO AG, Office Donauwörth, 2000

Hankammer, Gunter; Resch, Michael: Bauwerksdiagnostik bei Feuchteschäden. Prävention und Schadenserfassung durch den Einsatz von Messgeräten. 2. Aufl. Köln: RM Rudolf Müller Medien, 2023

Hankammer, Gunter; Resch, Michael; Böttcher, Wolfgang: Bautrocknung im Neubau und Bestand. Technik, Geräte, Praxis. Köln: RM Rudolf Müller Medien, 2014

Krus, Martin: Feuchtetransport und Speicherkoeffizienten mineralischer Baustoffe. Theoretische Grundlagen und neue Messtechniken. Universität Stuttgart, Diss. 1995

Leitfaden zur Vorbeugung, Erfassung und Sanierung von Schimmelbefall in Gebäuden. Stand: April 2024. Dessau-Roßlau: Umweltbundesamt (UBA), 2024 [online]. Internet: https://www.umwelt bundesamt.de/sites/ default/files/medien/ 479/publikationen/ 240513_uba_fb_ schimmelleitfaden_0. pdf [Zugriff: 27.10.2024]

Mohr, Max; Singer, E.: Die Rheumatiker-Fibel. München: Verlag Volksmedizin GmbH, 1921

Praxis-Handbuch Bautenschutz. Beurteilen, Vorbereiten, Ausführen. Köln: RM Rudolf Müller Medien, 2012

TRGS 519 Technische Regeln für Gefahrstoffe. Asbest: Abbruch-, Sanierungs- oder Instandhaltungsarbeiten. Ausgabe: Januar 2014. Berlin: Bundesministerium für Arbeit und Soziales (BMAS), Ausschuss für Gefahrstoffe (AGS), 2014, Gemeinsames Ministerialblatt Nr. 8–9 vom 20.03.2014, S. 164, zuletzt geändert am 22.03.2022

TRGS 521 Technische Regeln für Gefahrstoffe. Abbruch-, Sanierungs- und Instandhaltungsarbeiten mit alter Mineralwolle. Ausgabe: Februar 2008. Berlin: Bundesministerium für Arbeit und Soziales (BMAS), Ausschuss für Gefahrstoffe (AGS), 2008, Gemeinsames Ministerialblatt Nr. 14 vom 25.03.2008, S. 278

VdS-Merkblatt 3154 Fäkalwasserschäden (Schwarzwasserschäden). Stand: Februar 2023. Köln: VdS Schadenverhütung GmbH, 2023

VdS-Richtlinie VdS 3150 Richtlinien zur Leitungswasserschaden-Sanierung. Stand: März 2018. Köln: VdS Schadenverhütung GmbH, 2018

VdS-Richtlinie VdS 3151 Richtlinien zur Schimmelpilzsanierung nach Leitungswasserschäden. Stand: Februar 2020. Köln: VdS Schadenverhütung GmbH, 2020

WTA-Merkblatt 4-5-99/D Beurteilung von Mauerwerk – Mauerwerksdiagnostik. Stand: September 1999, redakt. überarb. Oktober 2015. Pfaffenhofen: Wissenschaftlich-Technische Arbeitsgemeinschaft für Bauwerkserhaltung und Denkmalpflege e. V. (WTA), 2015

WTA-Merkblatt 6-15 Technische Trocknung durchfeuchteter Bauteile – Teil 1: Grundlagen. Stand: August 2013. Pfaffenhofen: Wissenschaftlich-Technische Arbeitsgemeinschaft für Bauwerkserhaltung und Denkmalpflege e. V. (WTA), 2013

WTA-Merkblatt 6-16 Technische Trocknung durchfeuchteter Bauteile – Planung, Ausführung und Kontrolle. Stand: Januar 2019. Pfaffenhofen: Wissenschaftlich-Technische Arbeitsgemeinschaft für Bauwerkserhaltung und Denkmalpflege e. V. (WTA), 2019

9.2 Stichwortverzeichnis